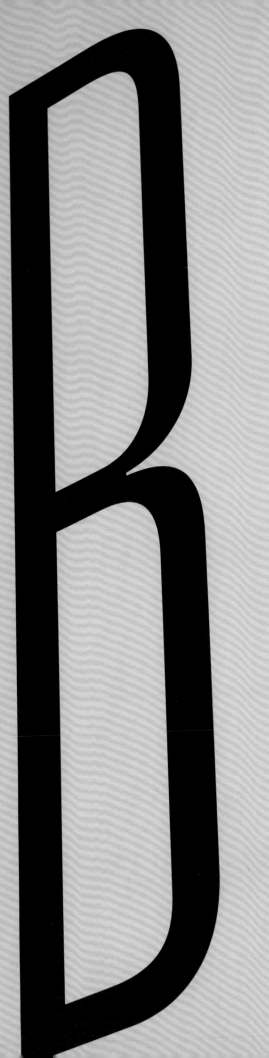

GALLE

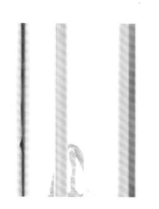

超圖解技巧 1500 張！
完美縫製細節，輕鬆穿搭舒適有個性的日常時尚

好想自己做衣服2

content

01

V領衣襬綁結 可前後換穿上衣

〔M、L〕

58、96

02

V領腰間大綁結 可前後換穿短洋

〔M、L〕

60、102

03

外翻V領上衣

〔Free〕

62、106

⓭

短版寬褲裙

〔Free〕

82、172

⓰

九分寬褲

〔M、L〕

88、187

⓳

優雅風刺繡裙

〔M、L〕

93、204

⓮

菱形褲襠寬褲

〔Free〕

84、180

⓱

哈倫褲

〔M、L〕

90、193

⓴

後拉鍊A字裙

〔M、L〕

94、210

⓯

短褲

〔M、L〕

86、187

⓲

浪漫風吊帶裙

〔Free〕

92、198

● 作品學習重點整理。

● 作品情境圖所在頁。

● 作品編號。

● 作品紙型的所在頁面：請留意Item 2、5、16、17部分紙型較長，因紙張版面關係，紙型有分割，被分割的紙型有紙型連接符號，紙型連結符號說明，請參考P56。

● 作品尺寸：若Free Size則只提供一個尺寸紙型，若 M、L則在紙型頁內會有兩個尺寸紙型。

● 作者認為縫製作品適合的布料，可展現作品的特色。

● 版型微修改的建議：若作品修改紙型異動考量點較多，則沒有提供此資訊。

● 裁縫順序圖：縫製作品時的製作流程大綱。

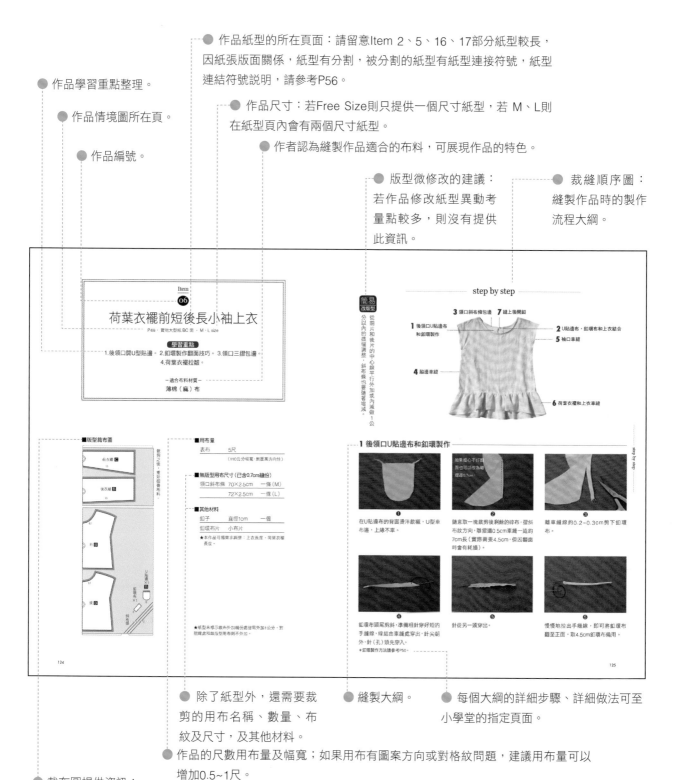

● 除了紙型外，還需要裁剪的用布名稱、數量、布紋及尺寸，及其他材料。

● 縫製大綱。

● 每個大綱的詳細步驟、詳細做法可至小學堂的指定頁面。

● 作品的尺數用布量及幅寬；如果用布有圖案方向或對格紋問題，建議用布量可以增加0.5~1尺。

● 裁布圖提供資訊：

1.作品有哪些紙型？每個紙型是在哪個紙型頁內。2.每個紙型的裁剪數量。3.除了紙型頁內的紙型外，還有哪些用布也需要裁剪。4.每個紙型裁剪用布需外加的縫份，需要外加縫份處會有灰色色塊。5.裁剪時需外加的縫份，若無標示者，請留意裁布圖下方的提示。6.布摺疊排布的方式。

2009年發行第一本手作服的書至今已11年，學生在我的感染下，為自己也為家人縫製衣服，享受著做衣服的樂趣和旁人羨慕的眼光。每天穿著自己做的衣服，手作就是我的日常—做自己想要的，做家人和家裡需要的日常布用品。

感謝大家對上一本書《好想自己做衣服》熱烈的支持與鼓勵，上本書是從做衣服的最基礎元素說起，包括：布的材質、布的配置、裁剪到縫製…，這本書則想要分享給大家有關縫製衣服的更進階技巧。

有時候是因為愛上一塊布料而發想作品，有時候是先設計作品再找適合的布料，本書希望手作服不僅貼近生活，且能夠呈現質感，所以書中作品大部分使用亞麻布料。每件作品不但具有獨特性又可穿搭，例如：前後可換穿的上衣洋裝、袖綁結上衣、花朵領的上衣、交叉褶寬褲、菱形褲襠寬褲、口袋一體成型的無袖洋裝、後拉鍊A字裙等等。除了作品的特色外，也將縫車的特性和大家分享，例如：將拷克機的密拷功能應用在荷葉袖，多功能裁縫車的刺繡功能應用在裙襬…等；此外，書中還加入了碎布應用的作品，包括：髮帶、針插…等，這些都是希望讓大家親手感受手作服進階版的樂趣。

從策劃到出版這本書約有一年半的時間，無論在編排或內容上都想要呈現新的感覺給大家，感謝許多幕後辛苦的工作者—主編貝羚、攝影師正毅、美編意雯、負責穿搭重責大任的麻豆Erene以及多位學生（佳鑫，晴姍，淑芳，淑女，圭妙，淳方，美琪）的熱心支援，還有I'M COFFEE在外拍時，提供非常舒適的空間使拍攝過程很順利。因為有你們的協助才能完成這本書，你們都是共同成就這本書的作者，非常謝謝你們，同時也感謝16年來陪著我和布田成長的每位學生。

謝謝我的先生和三個小孩，在我忙碌的時候給我生活事務與精神上的支援，也和我分享生活的點滴，我非常愛你們。

將這本書獻給天上的爸爸，我最愛的媽媽，感謝她為八個小孩的辛苦付出，願她身體健康平安，還有我的兄弟姊妹，謝謝你們陪伴照顧媽媽。

這本書的最後校稿工作正值新冠肺炎疫情高峰期，每個人都因疫情而恐慌，祈願大家能戰勝心裡的恐懼且平安度過。

2020.2.29

Part 1
縫紉小幫手—讓裁縫更輕鬆

●粉塗記號筆

需要削，為粉狀鉛筆，有各種顏色，粉會慢慢脫落，較容易斷裂，但價格便宜。

●水消記號筆

水性的，記號會隨著水氣或者時間慢慢消失，一端是粗的，一端是細的。

●三色自動細字
　粉塗記號筆

可同時裝入三個顏色粉狀筆芯，免削，像自動鉛筆般可填入筆芯，記號線條細，適合用在厚質的布料，例如丹寧布、牛仔布。

●骨筆

應用於縫份推開。

●線剪

用來剪縫線或者布邊鬚線。

●鑷子

整理布角或布環翻面用。

●紙剪

用來剪紙型，可選擇不黏膠的剪刀款式。

●大剪刀

剪布專用剪刀，可剪大面積的布塊，請勿使用在其他非布類上。使用時，剪刀緊貼桌面，儘量不要騰空。

●鬆緊帶穿繩器

有長短之分，塑膠材質，柔軟有彈性，前端鈍頭不會勾布，末端洞孔有齒可將鬆緊帶扣緊不易滑脫。

●手藝用雙面膠帶

可溶於水，有寬窄之分，應用於車縫拉鍊時，固定拉鍊在布面上，有助於車縫拉鍊完美。

●細手縫針

細的手縫針，有彈性，適用於千鳥縫挑線紗，但針孔小不易穿線。

●小剪刀

適合剪小塊布、縫線或剪牙口。

●拆線刀

拆除錯誤的車線或劃開釦眼用。

應用示範
鬆緊帶套入穿繩器末端洞孔，孔中有齒可扣緊鬆緊帶。

●強力夾

有迷你至長型三種尺寸，咬合力道強，和珠針並用來固定布料。迷你強力夾是推薦款，輕巧有力，夾端內縮且小，所以可以車縫至接近夾端時才卸掉夾子；長型強力夾多用於縫份較大或者裙（褲）頭布的固定。

●錐子

車縫時可以推布、壓布或細褶撥弄平均，尖端也可用來拆線、挑線或者標尖褶記號點。

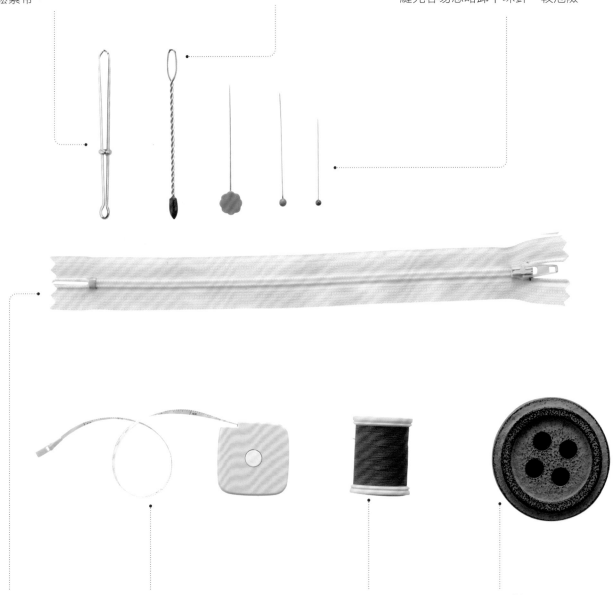

●穿繩器

鐵製,不能彎曲,前端爪子含住鬆緊帶或棉繩綁帶,後端扣環往前推緊,緊緊抓住鬆緊帶,不適合應用太寬的鬆緊帶。

●穿繩器

鐵製但可彎曲,鬆緊帶套入穿繩器後端的洞孔打結,前端塑膠鈍頭,適合小且彎曲,例如:袖口鬆緊帶。

●珠針

有長短軟硬彈性之分,縫紉固定布料專用,縫紉機針可經過,不會斷針,購買時,建議選珠針頭顏色清楚明顯的;比方果凍透明針頭不易看見,裁縫完容易忽略卸下珠針,較危險。

●尼龍拉鍊

齒為塑膠製,布面尼龍材質好車縫。

●捲尺

應用在量尺寸較長、曲線起伏大處,例如:量身長、胸圍、袖襱。

●手縫線

手縫專用的線,耐拉不易斷。

●布鎮

鐵製有重量,繪製版型或裁布時,避免滑動、固定物件用。

●曲尺

打版、畫紙型時適合曲線處，尺上有0.5、
0.7、1cm等常用刻度，可應用在縫份外加時
使用，針對不同的曲線有弧度大小之分，有
的適合領口，有的適合袖口，另有寬度1cm
的短直尺，可應用在縫份外加1cm的直線，
購買時，三款尺為一個組合。很推薦這款曲
尺，它是曲線外加縫份的好幫手。

●寬版方格尺

表面除了有直線刻度外，還有
30、45、60、直角等角度，可快
速畫出斜布條，而且左右邊皆
有，方便慣用左手的人，因為尺
面寬穩定，裁剪斜布條裁切刀可
以貼著尺邊直接裁切。

●方格尺A

表面有刻度，
應用在裁布或
紙型外加縫
份。

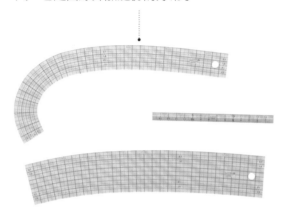

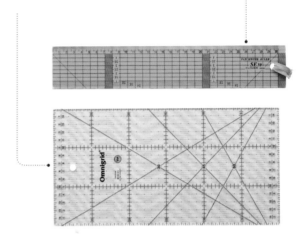

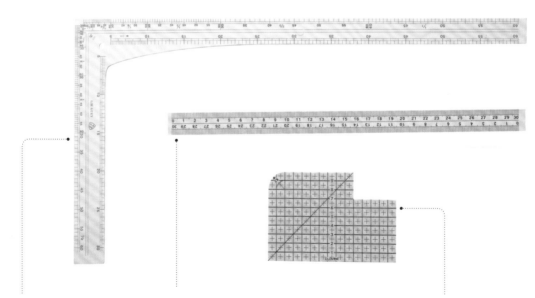

●直角尺

裁剪或畫版型長方
形布料（紙型）
時，定出直角用。

●軟尺

應用在量尺寸短、起伏小的曲
線，例如：軟尺可依著領口曲線
量出領口的尺寸。

●熨斗用止滑定規尺

耐燙材質，板上有1cm單位
刻度，摺燙裙（衣）襬縫份
時，布邊依著所需刻度，快
速燙出縫份，不需要畫線。

●噴霧器

整燙時，噴水在布料上可加速整燙工作，水珠霧狀細小平均。

●有膠紙襯

一面有膠，刺繡時有膠面燙在布的背面，可防止薄布料在縫紉機刺繡過程抓布起皺現象，刺繡完後，撕掉剩餘的襯，但材質較軟不易撕，價格較無膠紙襯貴。

●無膠紙襯

無膠較硬挺，刺繡時加在布的背面，可防止薄布料在縫紉機刺繡過程抓布起皺現象，刺繡完後，撕掉剩餘的襯，因材質較脆容易撕，建議使用無膠紙襯。

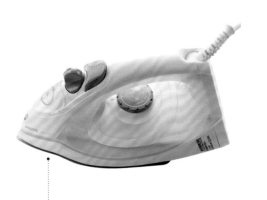

●燙馬

整燙衣物用，應用在領口或袖口等筒狀的物件。

●熨斗

整燙布料用，針對不同的布料，旋轉鈕上提供不同的溫度調整指示，例如：毛料布適合中溫熨燙。

●燙布

整燙布料時，蓋在布上可防止布料因高溫受損，通常用於毛料或亞麻布上。

有時候先喜歡上一塊布料，再決定用它去縫製什麼樣的衣款才能呈現這塊布的特色；或用不同的布料縫製同個衣款，也會呈現不同的風格，這是一件非常有趣的事。

單寧布 | 棉成分，有厚薄之分，適合做硬挺有型的衣款，如襯衫、A字裙、寬褲。

水洗牛仔布 | 棉成分，有厚薄之分，製程先下水處理過，所以有自然的皺褶紋路且較柔軟，適合做硬挺有型的衣款，如襯衫、寬裙、寬褲。

刺繡棉麻布 | 這幾年也很常見的織品，在布面直接刺繡花紋，立體的刺繡圖騰更添布品的質感。

雙層紗 | 柔軟透氣，最適合小孩衣物；初學者須留意，多層紗關係，製作時，布邊易產生困擾的鬚邊。

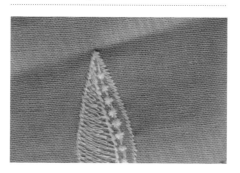 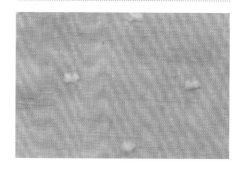

素色亞麻布　100%麻成分，有時布面上會有麻的天然結粒，麻線有粗細之分，透氣性佳，適合製作自然風的衣款，粗麻適合製作較硬挺有型的衣款，但對皮膚敏感者，粗麻必須慎選，細麻則呈現柔軟風格，價格高。

印花亞麻布　特性和素色亞麻布一樣，但因是印花製程，所以大多屬於細麻，觸感佳，製作裙裝時飄逸垂墜度很讚，價格高。

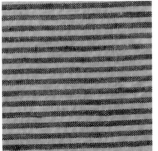

棉麻布（緹花）　含棉麻兩種成分，若麻成分多，布則偏硬，兼具棉和麻的優點，是很常見且受歡迎的材質，價格較亞麻布便宜。布面有的會有特殊緹花織紋，增添布品的獨特性。

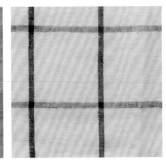

絲光棉布 | 棉成分，兩色以上的線紗交織而成，所以布面從不同的角度看到的色彩可能不同，加上有絲質效果處理，布品呈現光澤度。

印花棉布 | 100%棉成分，輕薄柔軟，透氣，精彩豐富的印花圖案，是最常見的布品，適合製作夏天衣物。

  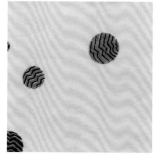

格紋棉布 | 特性和印花棉布一樣，透氣、清爽的條格紋，製作夏天衣物很消暑。

善其事利其器,選擇好用的縫紉機事半功倍,會讓你更愛上裁縫,所以認識縫紉機是一定要做的功課。

本書示範縫紉機機種為NCC CC-1877多功能電腦型縫紉機,此機種首創結合高轉速工業機與刺繡家用機二合一,在直線車縫部分每分鐘可1200針,速度可以調整快慢,滿足了初學者至進階者各階層的需求。除了速度外,200種針趾花樣可以應用在衣服洋裁上,增加衣服作品的多樣與獨特性,當然也具備開釦眼和簡易布邊縫的基本功能,尤其從開釦眼的精緻度來看,CC-1877在市場眾多家用縫紉機種中算是極為出色的。

C-1

認識縫紉機

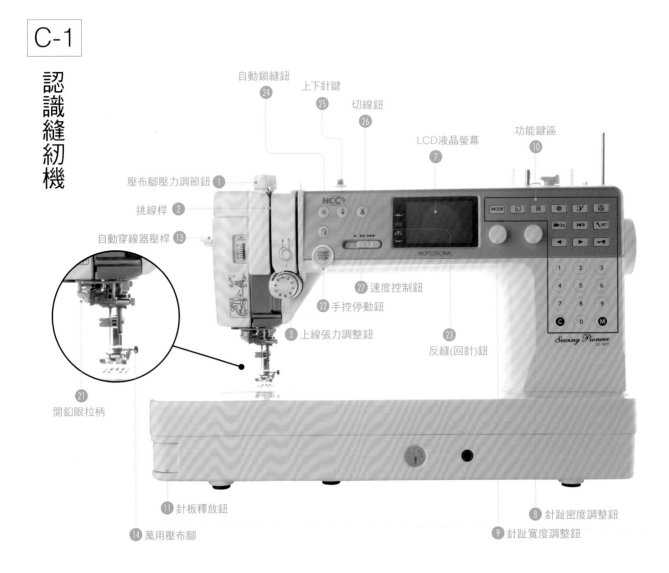

自動鎖縫鈕 24
上下針鍵 25
切線鈕 26
LCD液晶螢幕 7
功能鍵區 10
壓布腳壓力調節鈕 1
挑線桿 2
自動穿線器壓桿 13
速度控制鈕 27
手控停動鈕 22
上線張力調整鈕 3
反縫(回針)鈕 23
21
開釦眼拉柄
11 針板釋放鈕
14 萬用壓布腳
8 針趾密度調整鈕
9 針趾寬度調整鈕

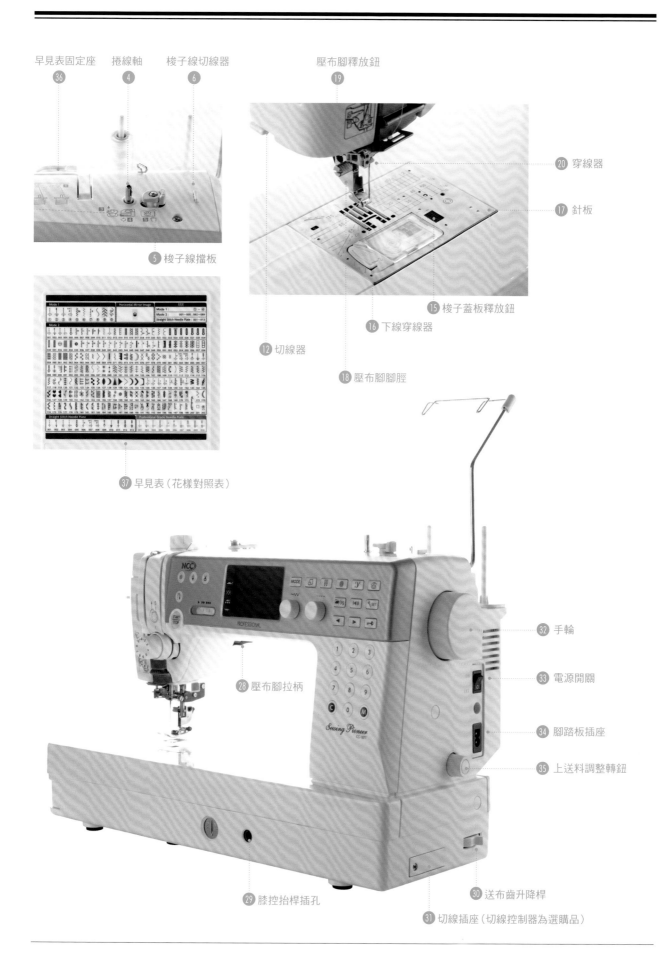

早見表固定座　捲線軸　梭子線切線器　　　　　　壓布腳釋放鈕

㊱　④　⑥　⑲

⑳ 穿線器

⑰ 針板

⑤ 梭子線擋板

⑮ 梭子蓋板釋放鈕

⑯ 下線穿線器

⑫ 切線器

⑱ 壓布腳腳脛

㊲ 早見表（花樣對照表）

㉜ 手輪

㉝ 電源開關

㉘ 壓布腳拉柄

㉞ 腳踏板插座

㉟ 上送料調整轉鈕

㉙ 膝控抬桿插孔

㉚ 送布齒升降桿

㉛ 切線插座（切線控制器為選購品）

▌ CC-1877如何讓縫紉更輕鬆？

1.速度可調整

適合初學者到高階者，最高速每分鐘1200針，車縫厚帆布包也沒問題。

2.車厚布也很容易

一般多功能縫紉機會讓人覺得無法輕鬆車厚布，但此機種遇到車縫厚布料時，可將壓腳壓力調至「1」，就能勝任車厚布的工作。

3.易記易學針趾花樣功能＋獨立按鍵

便利的快速參考表，讓使用者能很快的從200種內建針趾花樣選取到想要的圖案，而且每個功能都有獨立按鍵不會混淆，也不需要太多繁瑣操作，簡單易記，讓你更想使用。

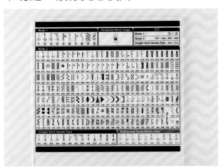

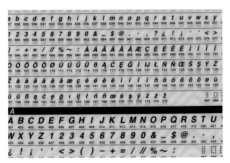

快速參考表有兩面，三個mode，mode 3有英文字母、數字、符號、空格等，mode1和2部分圖樣如有灰背影，則代表這個圖樣可以做鏡射（旋轉）；每個圖樣下方有輸入的數字編號。

4.快速更換針板

CC-1877配有三款針盤，無須任何起子工具，只需輕輕按鍵，即可輕鬆幾秒鐘替換針盤。

＊更換針板前，請關閉電源，壓腳抬高，先卸壓腳，再按針板釋放鈕。

5.LCD液晶面板顯示縫紉機使用中的各種資訊

例如，目前壓腳編號HP（專業級壓布腳），HP plate（專業級針盤），線張力2~6，壓腳壓力3，送布齒上升，針幅0.5，針距2.4，以及顯示針盤及壓腳，提供10組基本縫紉快速按鈕…等資訊。若操作發生錯誤時，也會顯示圖像提醒，一目了然，容易掌控縫紉機的狀況。

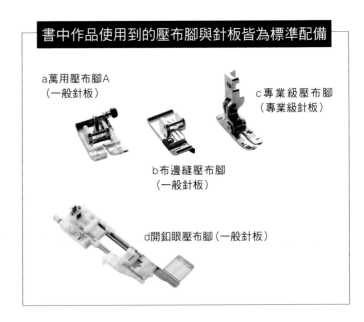

書中作品使用到的壓布腳與針板皆為標準配備

a萬用壓布腳A（一般針板）

b布邊縫壓布腳（一般針板）

c專業級壓布腳（專業級針板）

d開釦眼壓布腳（一般針板）

一般直線車縫

直線車縫是縫紉機的基本功能，CC-1877搭配萬用壓布腳（一般針板）或專業級壓布腳（專業級針板）可進行基本車縫工作。

以下介紹使用CC-1877應用在書中縫製衣服的功能

我個人偏好使用專業級壓布腳（專業級針板）做一般的車縫工作，在車縫作品細微處，專業級壓布腳能更穩定抓布，尤其是對有厚度的布料，再加上調整至最快速度，車縫直線很輕鬆。

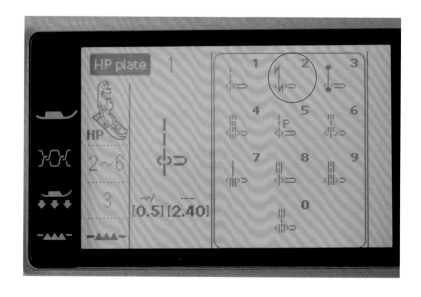

車縫時可以利用液晶面板上的快速功能顯示「2回針」（按右邊功能鍵區的數字鍵2），即可做回針動作，當然使用者也可以壓著「回針」的按鈕鍵進行回針。

利用布邊縫花樣做簡易拷克

如果沒有拷克機者，可使用CC-1877刺繡功能中的布邊縫花樣來替代拷克機的車布邊，需要搭配 b 布邊縫壓布腳（M）＋（一般針板）＋模式2的花樣編號013。

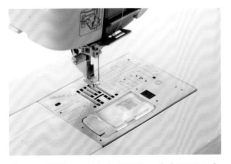

❶ 關閉電源，抬高壓腳，先卸下原來的壓布腳，再更換成一般針板，然後安裝壓布腳腳脛。

❷ 使用布邊縫壓布腳（M），車縫時，布邊右側依著壓腳的擋板邊車縫前進（圖中箭頭處）。

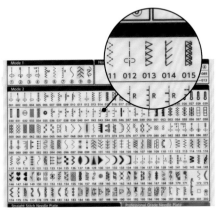

❸ 查看快速參考表，布邊縫的花樣在mode2區，編號013。

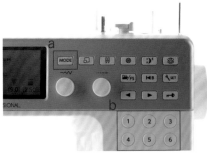

❹ a.按mode鍵至mode 2（每按一次mode鍵，液晶面板會跟著顯示），b.然後再至數字區按「013」。

❺ 液晶面板即出現布邊縫圖樣，然後踩動縫紉機即可。

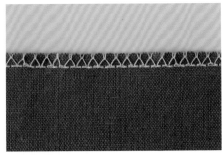

❻ 布邊車出布邊縫，即可替代拷克機的車布邊。

應用度高的針趾花樣

不同的針趾花樣需要搭配適合的壓布腳,當你選擇花樣的時候,液晶面板會建議需要更換的壓腳編號。

我非常喜歡「快速參考表」這個物件,可快速找到想要的針趾花樣,快速輸入,不需要記憶太多功能鍵,這樣的便利性會讓我更想使用刺繡功能,發揮創意在衣物上加入針趾圖案,讓裁縫作品更好玩、更具獨特性。

CC-1877 有200種針趾花樣,有些花樣可更改針趾的幅度與密度,最寬的針趾幅度甚至可達9mm,讓針趾更具體,花樣更美觀,更棒的是有些花樣還可以做「鏡射」,鏡射的功能可以90度旋轉花樣,有「鏡射」功能就能組合出更精采的圖樣。

使用者也可將常用的字或圖樣組合加以儲存記憶,方便日後快速取用,省去重複輸入,最多可儲存20組,例如:英文名字、設計專屬布標、專用語…等等。

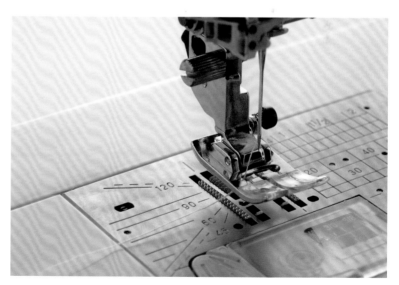

本書示範針趾花樣皆使用一般針板+萬用壓布腳A。

學會使用你的縫紉機

如何輸入針趾花樣並儲存

❶ 快速參考表mode2找到喜歡的線軸花樣，編號192。

❷ 按mode鍵至mode 2（液晶面板會顯示）。

❸ 然後再至數字區按「192」。

❹ 面板顯示線軸圖樣。

❺ 旋轉針趾幅度鈕調整針趾幅度（有些圖樣無法改變）。

❻ 旋轉針趾密度鈕調整針趾密度。

❼ 若想要組合很多圖案，按「M」鍵，進入記憶（Memory）編輯，若只想這個圖樣的話，可以直接踩縫紉機，刺繡在布上。

❽ 按「M」鍵，出現編輯視窗。

❾ 數字區再按「193」，面板顯示剪刀圖樣。

❿ 按「M」鍵，剪刀圖樣就會到編輯列，如此反覆輸入想要的圖樣。

⓫ 可以按左右鍵，移動游標到想要編輯的圖樣，想要刪除就按「C」鍵。

⓬ 按左右鍵移動到想要做鏡射的圖樣，按「鏡射」鍵。（線軸和剪刀圖樣在快速參考表都有灰背影，表示圖樣可以做鏡射旋轉）

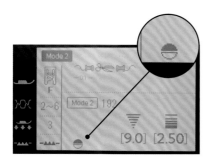

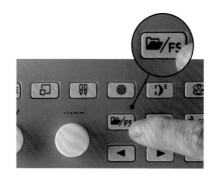

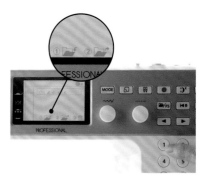

⓭ 按「鏡射」鍵,在面板的左下,出現旋轉樣子,每按一次「鏡射」鍵,圖樣就轉90度,馬上出現在編輯列,完成設計後,如果不想儲存,也可以直接踩縫紉機,車縫圖樣在布上。

⓮ 若想儲存供日後使用,按「資料夾/FS」鍵。

⓯ 出現資料夾選擇視窗,面板下方顯示按「1」即可儲存,儲存前,旋轉針趾寬度鈕或針趾密度鈕,可以指定要儲存在第幾筆(最多20筆)。儲存完後,若想車縫圖樣,則按「2」。或是平常想要找花樣,也可以直接按「資料夾/FS」鍵,找到想要車縫圖樣的紀錄,按「2」進行車縫;若要刪除,則按「3」。

▍薄布車縫花樣需加襯

車縫的布料如果偏薄,需要在布的背面加上紙襯。市售紙襯分有膠和無膠,有膠較軟,無膠較硬,如果手邊沒有紙襯,也可以暫時用廚房紙巾替代,當然最佳效果還是使用無膠紙襯。

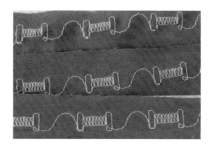

❶ 上:沒有使用任何襯,車縫過程縫紉機容易咬布起皺,刺繡結果線軸較扁,圖樣的周圍布隆起。中:用廚房紙巾。下:用專用無膠紙襯,效果最佳,布平坦,圖樣立體。

❸ 上:廚房紙巾,不易撕乾淨。下:無膠紙襯偏硬,容易撕。兩者皆可以溶於水,慢慢脫落。

❷ 撕紙襯方法:兩側的紙襯先往圖樣方向摺,再往圖樣方向撕。

開釦眼的學問

縫製衣服另一個重要的功能需求就是開釦眼，除了釦子需要，裙頭或褲頭的抽繩也會用到。

■ a.開釦眼放釦子

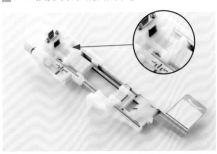

❶ CC-1877開釦眼需要使用一般針板和開釦眼壓布腳（R）。開釦眼壓布腳後端的鈕釦座（圖中箭頭處）往後拉開，放上釦子再往前推回扣緊，車縫時縫紉機感應釦子的直徑，自動判斷釦眼的長度。

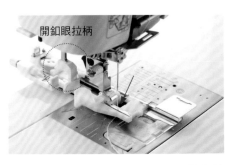

開釦眼拉柄

❷ 縫紉機安裝開釦眼壓布腳，將上線置入壓布腳的洞孔（圖中箭頭處），往左側拉出，此時可以把標好釦眼位置的布（❸）放在壓腳下（❹），拉下開釦眼拉柄，選擇開釦眼的圖樣，基本釦眼圖樣是在mode2的023圖樣（❺）。輸入完圖樣，啟動縫紉機，如果忘記拉下開釦眼拉柄，縫紉機停止，面板會顯示提醒該做的動作（❻）。

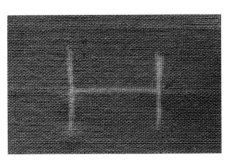

❸ 在布的正面標上釦眼上下緣記號。

❹ 針從釦眼記號的下方位置入針（圖❸箭頭處）。車釦眼順序：左側開始往上再繞至右側回到下方，面板會顯示車縫釦眼的路徑，進行中間都可以停頓，只要不壓切線鈕，都可以再繼續，完成一個釦眼，縫紉機會停止，再壓切線鈕，即完成。

❺ 面板顯示mode2的023基本釦眼圖樣。旋轉「針趾幅度鈕」能調整針趾幅度，可以改變釦眼兩側的寬度，通常外套的釦眼會將值調大。旋轉「針趾密度鈕」能調整針趾密度，可以改變針距的密度。

❻ 縫紉機會自動停止，面板顯示提醒你「拉下開釦眼拉柄」的畫面，拉下拉柄，即可繼續踩動縫紉機。

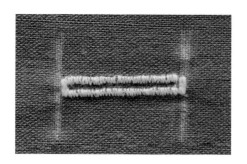

❼ 完成釦眼。

| 比較圖 |

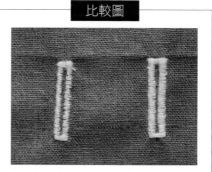

針趾幅度和針趾密度都是預設值。　　針趾幅度值7.0，針趾密度值3.0。

∞

1.縫製衣服開釦眼時，可以先用不要的布試開釦眼，因為釦眼失敗，很難拆線。尤其薄布料，易將布料拆破。

2.開釦眼，建議縫紉機速度不要太快，可以調整在中間速度。

▌b.如果釦子有厚度

❶ 釦眼壓布腳鈕釦座只能測量出鈕釦的直徑，忽略鈕釦的厚度，如果選用的釦子特別厚，可以手動調整鈕釦座旁的旋轉鈕，紅色刻度會往L方向移動。

▌c.不穩定布料或小物件開釦眼

❶ 針織布料、彈性布料等較不穩定布料，或較小的布料物件，如P203吊帶裙的吊帶需要開釦眼，吊帶寬度約1.3cm寬，這時就需要「釦眼壓布腳穩定板」的協助，使得縫紉機在車釦眼的過程能順利帶動吊帶前進。

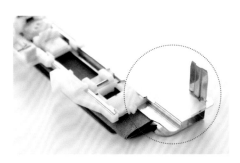

❷ 穩定板從釦眼壓布腳下方套進（圖中圈選處），布片放在穩定板和壓布腳中間，就很容易車縫釦眼。

▎d.不需放釦子也可開釦眼

鈕釦座可以容納的鈕釦大小有限制，使用者也可以不放鈕釦，自己決定釦眼大小，主要的控制鈕在「反縫（回針）」鈕，此功能可應用在抽繩口上。

❶ 布的正面畫釦眼，釦眼的上下記號線需畫長才不會被壓布腳擋住。釦眼壓布腳後端的鈕釦座往後拉到最開，不需要拉開釦眼拉柄，輸入釦眼圖樣mode2的024圖樣。

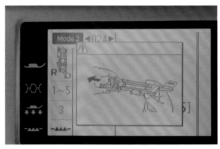

❷ 釦眼024的圖樣是縫紉機設定使用者想要自己決定釦眼大小的圖樣，所以液晶面板出現貼心提醒「把鈕釦座拉到最開」的畫面。

❸ 放下壓腳，車針從釦眼記號下方位置入針開始車縫，車縫顯示往上路徑及「反縫鈕」。

❹ 車縫至所需長度縫車停止，按「反縫鈕」後，縫車繼續踩，縫車顯示往右側下路徑及「反縫鈕」。

❺ 車縫回到起點，縫車停止，按「反縫鈕」後，縫車繼續踩，縫車顯示往右側上路徑及「反縫鈕」。車縫到頂點，縫車停止，按「反縫鈕」後，縫車繼續踩，車縫最頂點結束，縫車停止，壓切線鈕後，完成釦眼，接著面板顯示「MEM M」，表示這樣的釦眼大小，縫車已經記憶了，可繼續車出下一個相同大小的釦眼，而且車下一個釦眼的過程都不需要再按「反縫鈕」。開出一個3cm大小的釦眼。

2針4線拷克機是目前家用拷克機的主流，針對特定功能有時需要卸下1針，成為1針3線變化出更多樣的功能，所以拷克機不是只能車布邊而已，也能車縫彈性衣服，製作拉皺褶洋裝，在《好想自己做衣服》書中，已詳細介紹拷克機的基本功能操作與應用衣款，相關資訊可以參考《好想自己做衣服》。

本書要介紹的是應用NCC CC-5801拷克機的密拷功能來製作有飄逸感的荷葉袖口。

D-1 認識拷克機

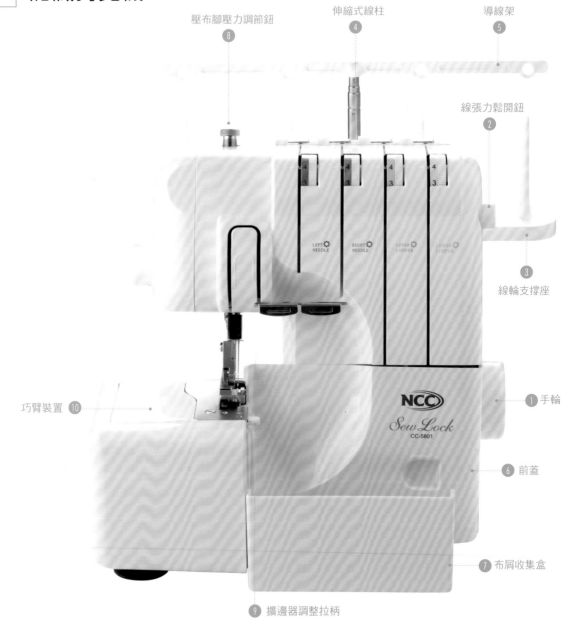

壓布腳壓力調節鈕 ⑧

伸縮式線柱 ④

導線架 ⑤

線張力鬆開鈕 ②

線輪支撐座 ③

LEFT NEEDLE　　RIGHT NEEDLE　　UPPER LOOPER　　LOWER LOOPER

NCC
Sew Lock
CC-5801

巧臂裝置 ⑩

① 手輪

⑥ 前蓋

⑦ 布屑收集盒

⑨ 擴邊器調整拉柄

❷ 四線張力調整鈕＋鬆開鈕的設計

明顯彩色的線張力調整鈕，調整時清楚方便。鬆開鈕的設計確定車線確實進入張力盤中，避免了浮線的問題。

穿線時，線經過張力調節鈕時，壓按「線張力鬆開鈕」使張力盤撐開，讓線確實進入盤內，有些廠牌拷克機沒有類似線張力鬆開鈕的設計，就常會發生線沒有進入張力盤，導致車線浮線現象。

❼ 布屑收集盒

拷克時，布屑會沿著機器邊掉入盒內，往外拉出盒子即可傾倒布屑。

❽ 壓布腳壓力調節鈕

依布料種類及厚薄度的不同，調整壓腳壓布的壓力，薄布料調鬆（逆時針），厚布料調緊（順時針），正常布料（壓力棒高度約1cm），使不同布料車布邊皆能正常運作。

❾ 擴邊器

控制車縫拷克的針趾寬幅，正常運作「N」，密拷時調至「R」。

❿ 巧臂裝置

袖口和褲管等衣款車布邊更容易。

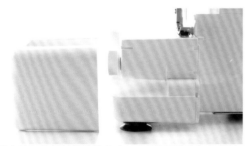

拷克袖口和褲管筒狀物件時，可以將巧臂蓋向左（外）拉出。

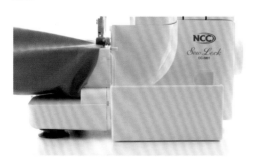

將布料套進巧臂裝置，有這樣的貼心設計，筒狀的衣物車布邊就更輕鬆了。

❷❷ 上勾針
❷❸ 下勾針
❷❺ 穿線標示圖

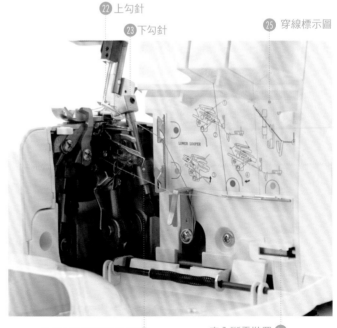

下勾針自動穿線拉柄 ❷❶　　　安全斷電裝置 ❷❹

❷❺ 穿線標示圖

簡單明瞭的穿線標識圖，可輕鬆容易完成穿線動作。穿線順序：上勾針（綠）下勾針（黃）左針（紫）右針（紅）

14 下針線張力調整鈕
13 上針線張力調整鈕
12 右針線張力調整鈕
11 左針線張力調整鈕

壓布腳拉柄 15

16 壓布腳

差動比例調整鈕 19

針趾密度調整鈕 18

上裁刀調整鈕 20

17 針趾幅度調整鈕

17 針趾幅度調整

調整針趾幅度，轉動時，裁刀也會跟著移動，和擴邊器配合使用可達到密拷想要的寬度。

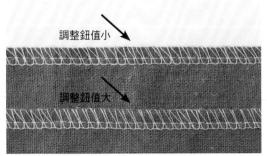

調整鈕值小

調整鈕值大

轉動針趾幅度調整鈕可以改變車布邊的寬度。

18 針趾密度調整

調整針趾密度（一針一針間的距離），密拷時調至R。

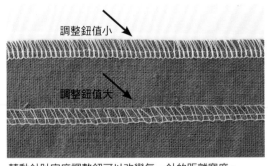

調整鈕值小

調整鈕值大

轉動針趾密度調整鈕可以改變每一針的距離寬度。

⑲ 差動裝置調整鈕

能防止薄布料及彈性布料的伸縮或起皺褶，彈性布往
2.0方向調整，薄布料往0.7方向調整。

⑳ 上裁刀調整鈕

簡單拉出或壓下，調整拷克時裁切或不裁切布料。

㉔ 安全斷電裝置

前蓋打開時，拷克機會
自動斷電並停止運轉，
是一種安全設計。

㉑ 下勾針快速穿線裝置—下勾針穿線拉柄

往上推起至最高位置，即可輕鬆完成下勾針線的穿線動作。

許多使用者購買拷克機的最大考量點就是穿線問題，購買之後更擔心斷線或換線，尤
其是最難穿線的下勾針，針對下勾針的繁複穿線，CC5801的下勾針快速穿線裝置—下
勾針穿線拉柄解決了使用者的困擾。

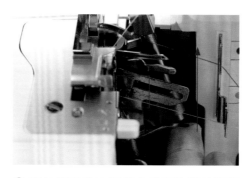

❶ 下勾針穿線依穿線標示圖案線至a
處，再繞進穿線器的左側指狀鈎內（圖
中左邊框線處）。

❷ 下勾針穿線拉柄 往上抬至和藍色記號
（圖中圈邊處）相同高度。

❸ 放開下勾針穿線拉柄，線自動穿好下勾針，理好上下勾針線，放在壓腳的後方，最
難穿的下勾針線變得很容易了。

密拷製作荷葉袖口。

也適用於柔軟的雙層紗布料車手帕邊，或者絲巾。

D-2 方便收邊的密拷

本書作品利用捲邊密拷方法處理袖口的收邊，呈現浪漫風格的荷葉線條。密拷也可以應用在衣襬、裙襬、手帕、圍巾……，讓拷克機的應用更進階更廣泛。密拷功能比較適用在輕薄到普通厚度的布料，有厚度的帆布、牛仔布則相對較不適合。

❶ 使用拷克機附贈的六角扳手工具卸下左針和線（不能只有卸線喔！）。卸針時，請關閉拷克機電源，放下壓腳，轉動機器右側的手輪（朝使用者的方向轉）將針升至最高位置，左手持針，右手持六角扳手工具對準左針對應的螺絲略轉動即可卸下左針。

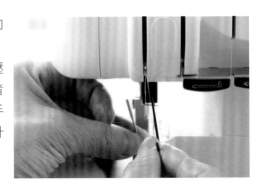

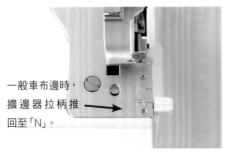

一般車布邊時，擴邊器拉柄推回至「N」。

❷ 打開前蓋，轉動手輪，直到上勾針降至最低位置，擴邊器拉柄推至「R」（如圖）。

❸ a針趾幅（寬）度調至「R」最小值，b針趾長（密）度調至「R」最小值。

POINT

裝回車針，除了一樣的方法外，留意車針的平面朝向後方，將針頂到最高點，鎖緊螺絲，試著轉動手輪測試，測試無誤後，針再穿線。

❹ 上勾針線張力調整鈕值調大。

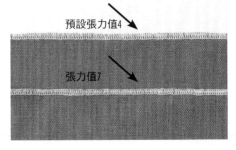

預設張力值4

張力值7

❺ 密拷時，圖中下方上勾針（綠色）張力調整鈕值可以調大（預設值4），密拷效果更佳。

Part **2**

縫紉小課堂

─讓細節更到位

01

亞麻布裁剪如何順布？

亞麻衣服呈現自然風格，但布性較不穩定，在裁剪時順好布料即可，無需過度重覆順布的動作。

02

亞麻布裁剪如何固定？

亞麻衣物裁剪亞麻布除了用布鎮固定外，紙型中心線和布料對摺線可用強力夾固定，縫製時，也用較多珠針和強力夾固定。

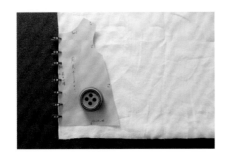

03

洗滌亞麻衣物應注意事項？

亞麻衣物浸泡約30分鐘以內，浸泡太久容易造成布料縮水，晾曬時，分別順直紋布和橫紋布方向拉整衣物，然後再反面晾曬。

04

衣款局部弧度落差大，該如何車布邊？

拷克機的裁切刀對深入的角度不容易進行車布邊的作業，如果衣款局部有這樣的角度，在裁布時可以先大弧度裁剪，讓拷克機容易車布邊，當然車縫時還是要依照完成線車縫，請參考P118。

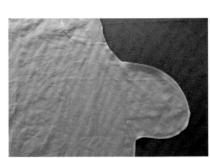

褲（裙）襬、衣襬或袖口外擴型縫份摺再摺的裁布訣竅？

❶以圖中為例，衣襬縫份3cm（先摺0.5cm再摺2.5cm），裁剪至衣襬時，脇邊先往外側裁剪視衣襬斜度約2~3cm（圖中圈處），然後往下裁剪衣襬縫份3cm。

❹直尺沿著脇邊斜度順下，畫線。

❷衣襬往上摺0.5cm。

❺依著畫線裁剪。

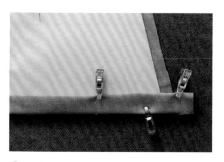

❸再往摺2.5cm。

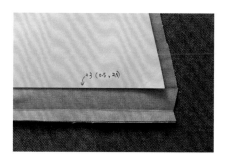

❻外擴型衣襬的縫份摺再摺是先內縮再外擴。如果沒有依照這樣的方法，會發生車縫時縫份往上摺，縫份的周長會和衣襬的周長不一致。

褲（裙）襬、衣襬或袖口內縮型縫份摺再摺的裁布訣竅？

❶以圖中為例，袖口縫份5cm（先摺1cm再摺4cm），裁剪至袖口時，側邊先往外裁剪視衣襬斜度約3~4cm（圖中圈處），再往下裁剪袖口縫份5cm。

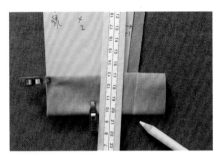

❹直尺沿著側邊斜度順下，畫線。

❷袖口往上摺1cm。

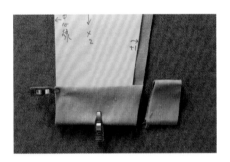

❺依著畫線裁剪。

❸再往摺4cm。

❻內縮型袖口的縫份摺再摺是先外擴再內縮。

如果沒有依照這樣的方法，會發生車縫時縫份往上摺，縫份的周長會和袖口的周長不一致。

07

車縫褲裝一定要記得的擺法。

通常會選用素色布（布料很難區分正反面）來製作褲裝，遇到素色布時，很容易讓人忽略褲裝是需要左右方向概念的，所以首要原則就是縫製時將兩片前（後）褲正面朝上，脅（側）邊朝外，形成相對的樣子，再開始進行後續車縫口袋或車褶的工作。

08

車拉皺褶車線需要幾道？縫份應該多少？

拉皺褶車線的縫份，以接近最後的完成縫份最好。

❶車拉皺褶車線方法：裁縫車針距調至最大，車縫兩道車線，頭尾皆不回針，頭尾留車線3~5cm。
圖中黃色記號線為縫份1cm為例，第一道抽皺車線縫份0.7cm。

❸拉動同面同側的兩條車線，即可產生皺褶。

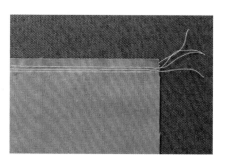

❷第二道的抽皺車線縫份可以0.9cm接近1cm。

NG對照

若只有車一道車線，拉出的皺褶不夠細緻。

POINT

整理皺褶技巧：放在桌面上，以錐子輔助撥弄調整皺褶，不時往衣襬（垂直）方向拉布。

褲（裙）襬縫份留多少？

如果想要呈現硬挺風格，例如：牛仔布的縫份可以多一點，但有些衣款不適合，例如：有車褶的褲管或衣襬，或想呈現浪漫風的荷葉袖口。

❶褲管因為有車褶，縫份是1.5cm。

❷為顯荷葉衣襬的輕盈，所以縫份是1.5cm。

❸袖口沒有摺邊縫份，以密拷（高速邊）方法。

相同衣款使用同一塊布料，但不同的裁布配置方法，可能得到不同的用布量。

如果用布無圖案方向性，可以用紙型相互180度翻轉錯位配置，會更省布料，也會讓剩布更好加以利用。

衣服縫份該如何倒向？

衣款不同、布料厚度、個人習慣…，縫製時縫份的倒向不盡相同。

但最大原則是同一條縫合線上的縫份倒向需往同一邊倒，如圖中袖口和衣襬脇邊的縫份都倒向上衣後片。如果沒有倒向同一邊，中間縫份線條呈S型，穿著時會不舒適。

如何完美三摺包邊？

本書作品三摺包邊皆以0.7cm 為縫份，斜布條寬度為2.5cm，包邊效果更顯細緻。

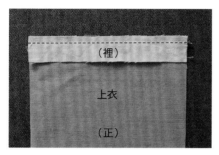

❶布條和上衣領口正面對正面縫份0.7cm車縫。

❷在正面，布條和縫份皆往上，整燙車縫處。

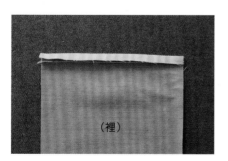

❸布條往背面摺至前一道車縫線，整燙。

❹在背面，整個斜布條往內摺，在背面可以看見約0.1cm的上衣領口，整燙。

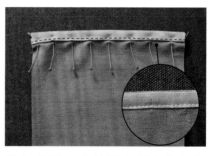

❺在背面，珠針固定斜布條和領口，珠針上下出入針跨在兩者的交界且針距小（如圖）。在背面，離斜布條摺邊0.1cm車縫。

❻正面樣。

如何將褲（裙）頭布處理得完美（四摺包邊）？

口訣：燙、別、看（邊車邊看）、摸（邊車邊摸）。

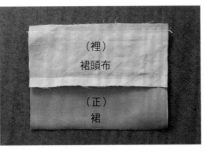

❶裙和裙頭布正面對正面縫份1cm車縫。

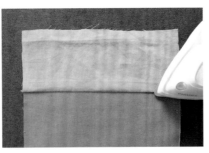

❷在正面，裙頭布和縫份皆往上，整燙車縫處。

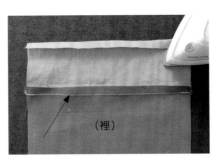

❸在背面，裙頭布往內摺1cm，整燙。

❹在背面，裙頭布再摺至前一道車縫線圖❸箭頭處，且超過（蓋過）車縫線0.2cm，整燙。

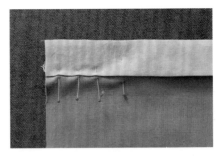

❺在背面，珠針固定裙頭布和裙，珠針上下出入針跨在兩者的交界且針距小（如圖）。

❻別珠針需密集才夠牢，有助於車縫。

❼進行車縫時，裙正面朝上，裙頭布邊朝向裁縫車內側（右），車縫一小段，就掀開背面看，若發現珠針脫離，及時調整，左手也同時邊車縫邊摸，隱約會摸到裙頭布的第一道摺邊。

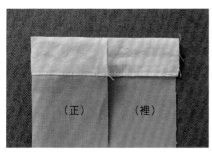

❽所以記住燙、別、看（邊車邊看）、摸（邊車邊摸），就可完美車縫裙頭布，正面背面的縫線都很一致。

縫紉遇到需要固定時，如何判斷用珠針或強力夾？

珠針和強力夾都是縫紉時不可缺少的好幫手，如果需要是點對點的合印點縫合，建議用珠針固定；車縫整條線面時，則可以用強力夾。

❶需要對齊口袋點用兩根珠針固定。

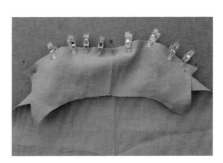

❷中心點和兩側的合印點用珠針固定。

❸有時珠針和強力夾可以並用，如圖中，兩片褲身要車縫股線曲線，用珠針固定股線，強力夾夾住褲頭和胯下，會幫助車縫股線時，兩片布更不易脫離。

15

如何處理袖口的斜布條三摺包邊？

方法❶ 袖口包邊再車縫脇邊，優點是衣服可以展開攤平，容易包邊製作。車縫脇邊後，腋下處脇邊的縫份需車縫固定。

方法❷ 車縫脇邊再袖口包邊：腋下處的三摺包邊易處理不好。本書皆採用方法1。

16

袖口斜布條三摺包邊的起點與止點。

斜布條和上衣正面對正面，斜布條起始和終點的斜邊和上衣腋下脇邊一致。

17

如何處理前後領口的斜布條三摺包邊？

方法❶ 前後領口各自包邊再車縫肩線，優點：包邊工作容易製作，完成領口包邊再車肩線，肩線處的縫份需要車縫固定，這個作法適合薄布料，厚布料不適合。

方法❷ 車縫肩線再做領口包邊。優點：和前一個作法比較，肩線處厚度不會太厚，但肩線處的三摺包邊比方法❶較難製作。

18

為什麼斜布條包邊會產生波浪（捲）？

斜布條沒有45度裁剪，或者因車縫時，過度拉斜布條。車縫後剪牙口或整燙，或許可以改善。

19

斜布條接合線應避開和上衣肩線的縫合線。

領口或袖口使用斜布條包邊，如果斜布條是接縫的，接縫處儘量避開上衣的縫合線，例如：肩線或腋下縫合線，因為這樣重疊的現象，會製造厚度。

當車縫進行中才發現會有重疊的問題，請立即停止車縫，往前剪掉一小段斜布條，再接合斜布條，然後繼續包邊工作。

21

當布料尺寸不夠裁剪僅差一點點時，該如何調整？

可從以下幾個地方調整：1.口袋尺寸、2.口袋（內）改用別布、3.縫份數字、4.斜布條可用接縫或用別布，以上這些調整都不會影響作品外觀。

20

車縫裙襬或褲管若發生長短不一致該怎麼辦？

若車縫到最後發現裙襬或褲管長短不一致，切勿強拉齊，強拉會造成脅邊線條不柔順，寧可修齊長度，再由減少裙襬或褲管的縫份來補足長度。

22

如何測量腰圍的鬆緊帶長度？

腰圍鬆緊帶長度是「腰圍尺寸×0.9~0.85+1.5cm」，褲頭穿好鬆緊帶後，可以大略固定，試穿後再加強縫製，記得記錄習慣的鬆緊帶長度。

領口以貼邊包邊方式，有四種方法固定貼邊布外緣。

市售衣服的領口貼邊外緣幾乎都沒有固定，穿著或洗滌時貼邊布很容易上掀，學會各種固定方法，即可提升衣服的細緻度。

❶針對素色布料或薄布料或想讓衣物更顯質感，可以用千鳥縫固定貼邊的外緣。

❸如果上衣前片領口有車褶，可以車縫的方法將車線隱藏在褶內，不破壞美觀。

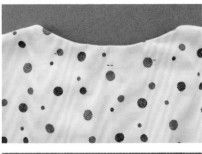

❷局部車縫固定，例如：肩線、上衣後片。

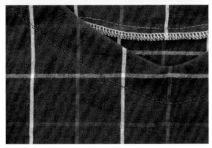

❹如果用布是花布，可挑選相近的車線直接車縫外緣一圈。

提升質感的隱藏系針法—千鳥縫。

針法要訣：1.細針，2.縫線選擇和布料顏色相近，3.縫線單股線打結。

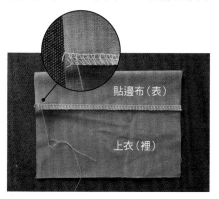

❶手縫針從貼邊布的背面入針，再從貼邊的布邊線上緣出針。

❹每縫一針即可至正面看是否有出現針趾，若有，即刻拆線。

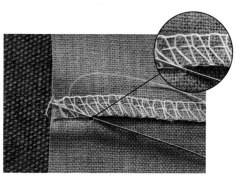

❷手縫線往下斜拉，針由右至左挑上衣（靠近貼邊布處）一根線紗（細針較易挑）。

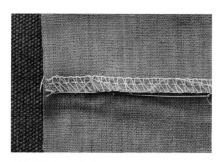

❺重複以上動作。

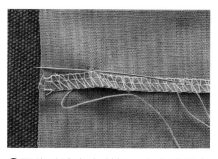

❸再往貼邊布上斜拉，在布邊線上緣，針由右至左縫貼邊布一針（約0.2cm）。

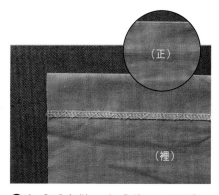

❻完成千鳥縫。完成後，正面看不到任何針趾。

POINT

此針法除了應用在領口貼邊外，還可以用在褲管或衣襬，或用布偏細緻不適合以車縫方式收邊的衣款。

縫紉小課堂—讓細節更到位

25

袖口、褲管別珠針的技巧？

可以放塑膠墊在袖口或褲管內，這樣就很好別珠針，不用擔心會別到後側的布料。

27

劃開鈕眼的小訣竅？

拆線刀劃開鈕眼需要施力，在鈕眼一端別上珠針，可防用力過度劃破鈕眼。

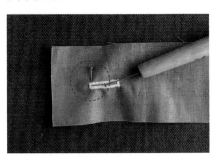

26

完成衣服後才發現領口太剛好卻不好穿脫，這時該如何修改？

可在後領口開U型開鈕，作法可參考P125。

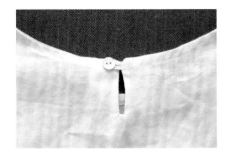

28

裙（褲）頭布在縫製前，可再一次確認尺寸再裁剪。

書中作品有說明裙頭布裁剪尺寸，但建議事先不要裁剪，待縫製到結合裙頭布時，實際量縫製的裙身裙頭，確認尺寸再裁剪，褲裝也是一樣。

如何快速整理漂亮的衣（直）角？

整理衣角除了用剪去角的方法，還可以用摺的方法。

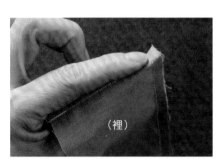

❶拇指在裡面，食指壓住側邊。

❹翻至正面，整理角。

❷再將另一側角往內摺，掐住。

❺完美直角。

❸另一手輔助翻面。

如何製作布釦環？

❶備一片斜布紋布片3.5×8cm。

❷對摺，有一端剪斜角。

❸離對摺邊0.5cm（也可以0.7cm）車縫，斜口處縫份可以大一些，呈喇叭狀。

❹備粗針（切記不要太細的針）和短線，線頭打結。

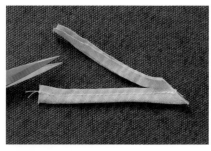

❺離車線0.2~0.3cm其餘剪去。

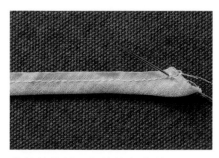

❻縫針從斜口內縫線處出針。

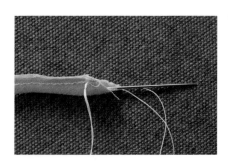

❼針（孔）頭穿入布條正面。

❽針從布條的另一端穿出。

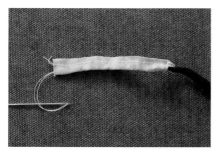

❾鑷子輔助將開始的布條斜口塞入。

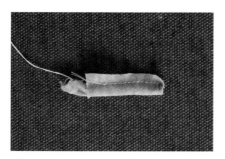

❿慢慢拉動手縫線,將布條牽引至正面。

⓫完成翻面,剪去縫線。

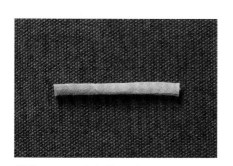

⓬剪下需要的布條長度。

如何讓褲（裙、衣）襬的衣角更薄？線條更順？

可將褲（裙、衣）襬縫份脇邊剪去小布片,降低厚度。這個方法很值得試試看,會讓衣角更薄,線條更柔順。

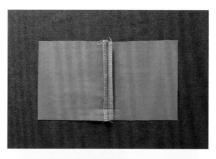

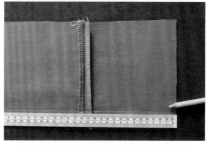

例如縫份3cm摺一褶,則兩邊皆剪去0.5×5cm。

縫製衣物常見的尖褶記號該如何畫在布上與縫製？

❶在紙型尖褶記號的尖端處用錐子先撮一個小洞，供記號筆標點用。

❹移開紙型，依標點從尖端畫至底部。

❷紙型（未含縫份）放在布的裡面。

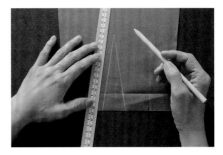

❺在布裡面畫出紙型上的尖褶記號。

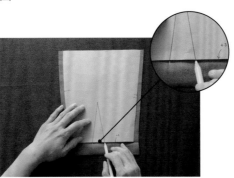

❸標出尖褶的寬度，及尖端記號標點。

❻尖褶對摺，畫線上下吻合一致，珠針固定在畫線上，強力夾在周圍輔助固定會更好，再依畫線車縫。

如何固定鬆緊帶不翻轉？

很多市售褲子或裙子的鬆緊帶會翻轉，穿著很不舒服，自己縫製衣服的優點，就是可以針對這些問題加強車縫。

❶縫針從鬆緊帶穿入口的背面入針、正面出針。

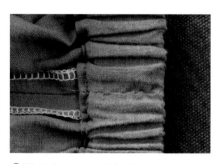

❸縫合穿入口，線打結。

❷穿入口的兩邊用藏針縫針法互縫（出入針在同一邊）。

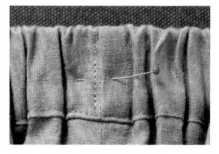

❹左右拉動裙（褲）頭數次，讓鬆緊帶與裙（褲）頭布均分結合，裙（褲）頭布正面的側邊珠針固定，車縫一道車線（可以和車縫線吻合或離車縫線0.3cm；後者的優點是日後更換鬆緊帶縫線較容易拆，前者是比較美觀），可防止鬆緊帶翻轉。另一側邊也是相同方法，如果還是覺得鬆緊帶會翻轉，在前後中心相同方法也車縫一道。

關於量身，在書中沒有繁複的洋裁量身方法，這樣會讓許多人失去輕鬆做手作服的樂趣，就像在市面上買成衣的直覺，M尺寸的衣款適合大部份的人，市售衣款有很多是Free Size，所以簡單的量身方向和微修改尺寸方法是本書想要和大家分享的。

衣服尺寸參考表（JIS規格）（單位/cm）

	胸圍	腰圍	臀圍
M	79~88	64~72	87~95
L	87~94	69~77	92~100

簡單量身法

上衣：

以現有衣服和紙型對照。不是人人都懂得如何量身，所以可直接拿一件常穿的衣服，和紙型比對領口、胸圍大小等等，即可大約知道尺寸。

褲（裙）：

確認自己的臀圍或者量自己常穿的褲子褲臀圍，再和褲紙型的褲頭圍比對。

＊褲紙型的褲頭圍確認，請先扣除前後褲頭有打摺的部分，再（前褲＋後褲）×2。

★★★

☆同樣身型的人，喜歡衣服的尺寸未必一樣，有的人喜歡領口低一點，有的則喜歡領口包一點，而寬鬆的衣服款式，則適合各種不同身型的人，所以本書有幾款衣服屬於寬鬆版，都是Free Size，書中也有局部修改的技巧解說，希望大家都能試試看。如果喜歡領口高一點的人在裁剪領口時，可以加大（0.7~1cm）領口的外加縫份，但縫製時還是維持原來的縫份。

☆書中部分衣款有分M和L尺寸，M尺寸適合大多數人，可依需求選擇。

☆作品中提供了「簡易改版型」的方法，和「作品可隨需求調整」的建議，都是針對想微幅調整，不影響其他版型的建議。

紙型描繪

書中密密麻麻的紙型線條，常常讓不少人怯步，本書以線條顏色清楚區分作品，再掌握幾個原則和擁有正確的描繪工具，就可以輕鬆快速描繪出正確的紙型。

①
先確認紙型編號的所在頁面／裁布圖也有標示每個紙型所在的頁面

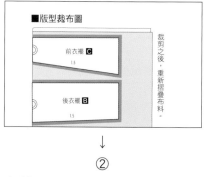

↓

②
在紙型頁面的索引確認紙型編號線條的顏色

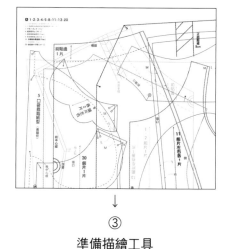

↓

③
準備描繪工具

描繪紙型的工具：描圖紙或白報紙（前者較貴，後者較便宜）、直尺、各式曲尺、布鎮、鉛筆。

描圖紙或白報紙放在紙型上（若描圖紙太小，可先用隱形膠帶黏成一大張），用布鎮固定，很清楚看見要描繪的線條顏色，用直尺畫出直線部分，曲線的部分則用曲尺依著線條慢慢移動畫出。

因為每個作品顏色不同，所以可以很輕易快速描繪出紙型，裁剪縫製時所需的記號點也請一併描繪下來，紙型寫上名稱、布紋、數量、結合記號點等等，最後用剪刀剪下紙型，如果習慣謄到牛皮紙的人，可以再將描圖紙或白報紙黏貼至牛皮紙上再剪下。

＊以下作品紙型有共用，所以線條顏色不一定一樣。
　item11、item18：胸檔、褲頭布共用。
　item11、item13：口袋共用。
　item15、item16、item17：口袋共用。
　item14、item18：口袋共用。

縫紉小課堂—讓細節更到位

認識紙型上的符號

在紙型製圖上常看到一些通用符號，讓人更容易了解縫製時要注意的點，以下是本書中使用到的記號。

 直布紋
箭頭方向需和布料的縱向
（布邊）平行。

 **抽細褶**
標示拉細褶的範圍。

 中心線布摺雙
紙型左右對稱，可標示出中心線以1/2紙型呈現，裁剪時需將布做對摺，即可一次裁剪出完整的形狀。

 **打褶**
把布從斜線的高處往低處摺。

 斜布紋
表示紙型要和布的45度呈平行。

 **結合記號點（合印點）**
不同紙型在車縫時，需要縫合的位置點。

同紙型連接邊
F 表示前片，B 表示後片。

 尖褶
在布的背面，摺疊布，將兩線條重疊車縫。

 釦眼
標示開釦眼的位置。

Part **3**
縫製自己的
日常時尚

Item. ─ 01

V領衣襬綁結 可前後換穿上衣

V領腰間大綁結 可前後換穿短洋

▶how to make p.102

064   ▶how to make p.112

Item.
—
05

前拼接無袖長洋

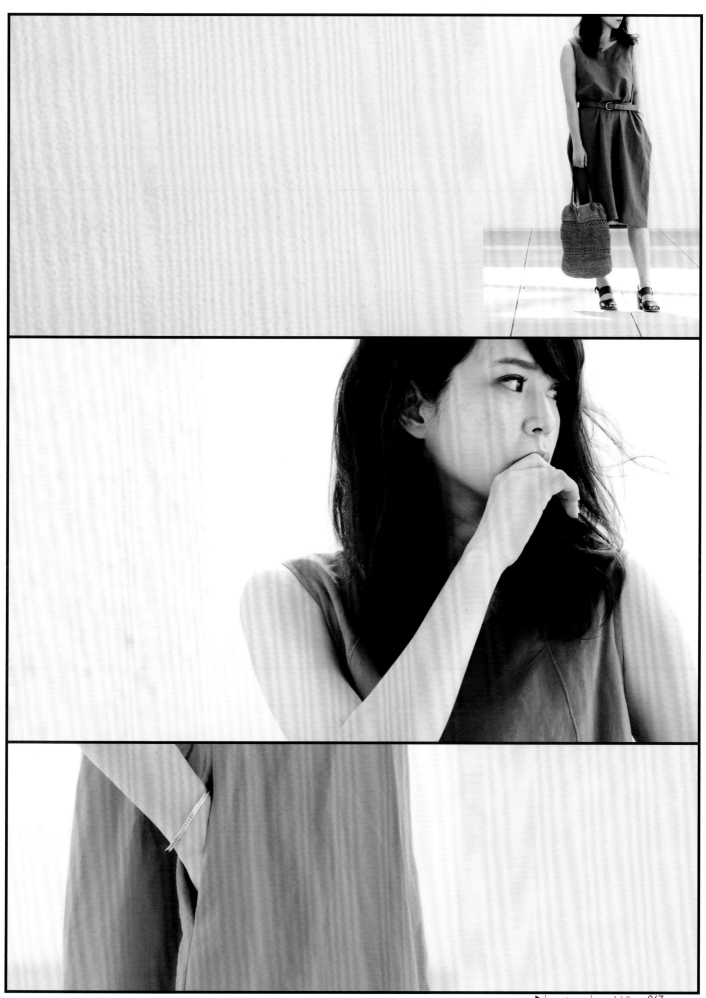

▶how to make p.118

Item.
——
06

荷葉衣襬 前短後長小袖上衣

Item. ——— 07

荷葉袖上衣

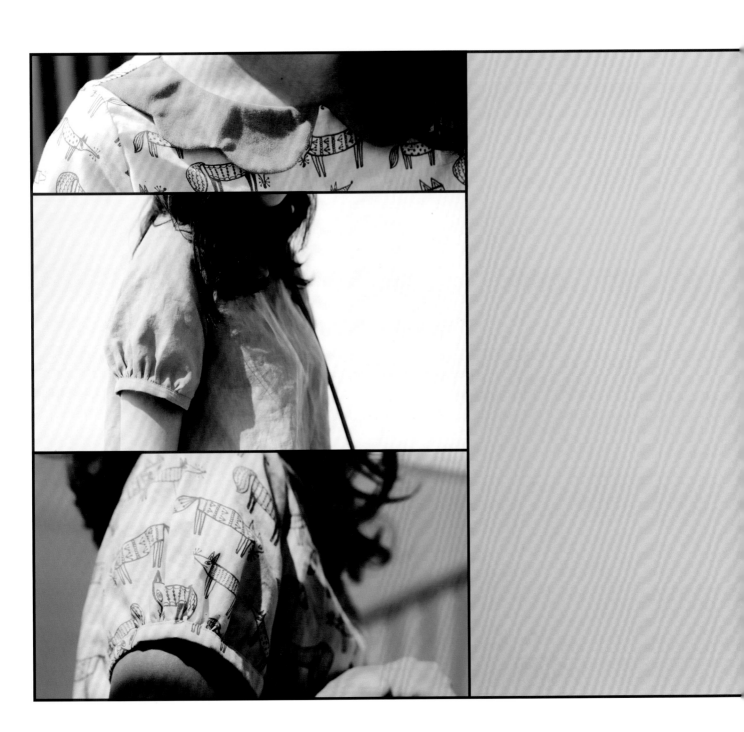

▶how to make p.135

Item. —— *08*

花朵領短袖 上衣

Item. ——09

袖口綁結 上衣

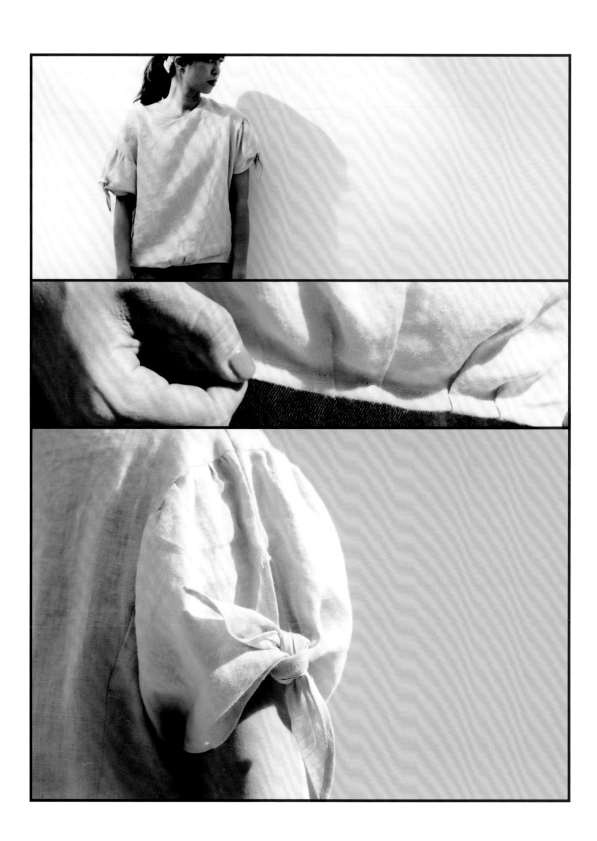

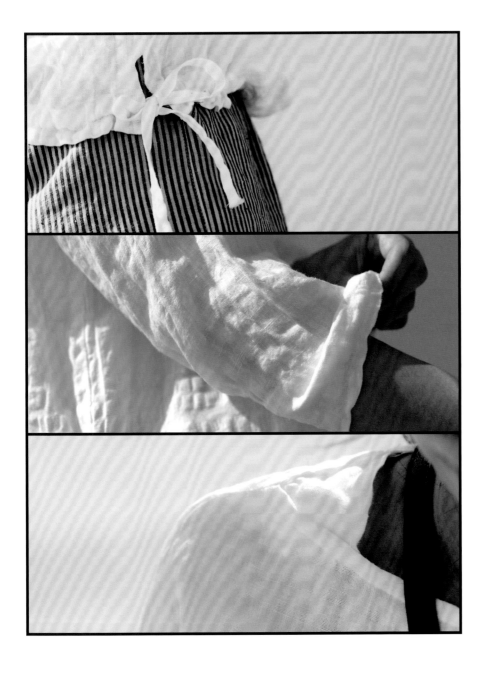

Item. —— *10*

船型領七分袖側綁帶上衣

Item.
——
11

文青風吊帶寬褲

▶how to make p.155

Item. —— *12*

可拆卸吊帶 交叉褶後鬆緊寬褲

Item. —— *13*

短版寬褲裙

▶how to make p.172

Item.—14 菱形褲襠寬褲

DC GALLERY

D GALL

Item.

短褲

15

▶how to make p.187

Item. —— 16

九分寬褲

Item .

— 17

哈倫褲

▶how to make p.193

GALLERY

GALLERY

Item.
——
19

優雅風刺繡裙

V領衣襬綁結 可前後換穿上衣

P.58・實物大型紙 ABC 面 ・M、L size

學習重點

1.領口貼邊布固定方法。2.領口千鳥縫針法。
3.衣襬綁結夾車。

－適合布料材質－

薄棉（麻）布

■版型裁布圖

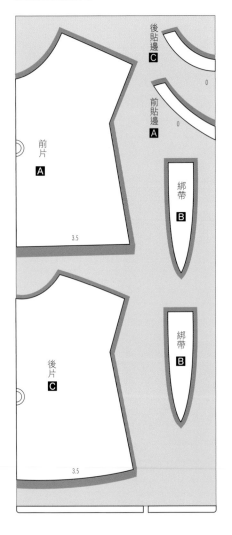

■用布量

表布　　5尺
_____

（110公分幅寬，無圖案方向性）

■其他材料

鬆緊帶　1.5cm寬×100cm　一條
_____

★本作品可隨需求調整：上衣長度、綁帶長
度、鬆緊帶長度。

★紙型未標示裁布外加縫份處皆需外加1公分，對
摺線處不外加。

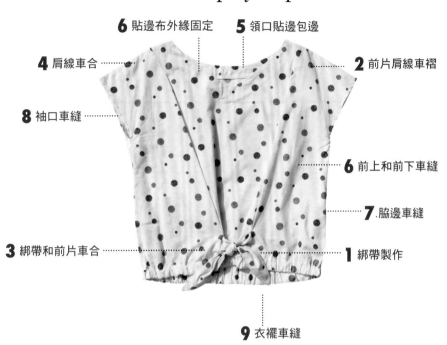

6 貼邊布外緣固定　**5** 領口貼邊包邊

4 肩線車合

8 袖口車縫

2 前片肩線車褶

6 前上和前下車縫

7 脅邊車縫

3 綁帶和前片車合

1 綁帶製作

9 衣襬車縫

簡易改版型

從前後中心線平行外加或內減，做1公分以內的微幅調整，記得貼邊布也要跟著增減。

1 綁帶製作

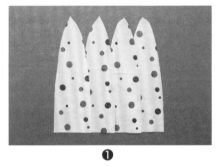

❶

依紙型外加指定縫份，裁剪綁帶用布4片。

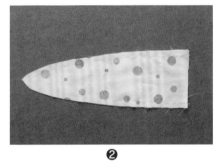

❷

兩片一組，正面對正面車縫，末端平口處不車。

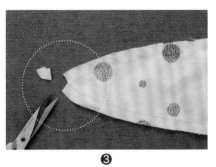

❸

尖端處剪去角，弧度處剪適當牙口。

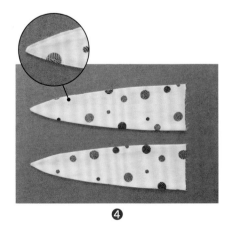

❹

翻至正面，整燙。離邊0.2cm車縫壓線，返口處不車。

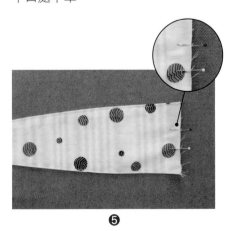

❺

依紙型標示綁帶末端車褶位置。

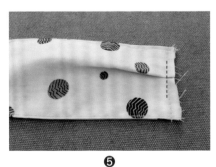

❺

紅色珠針往黃色珠針重疊，縫份0.7cm車縫，另一組也是相同方法。

2 前片肩線車褶

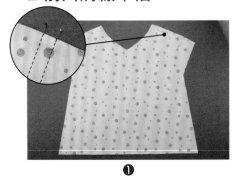

❶

前片背面肩線處，依紙型標示肩線車褶位置。

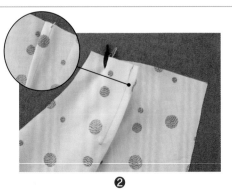

❷

紅色和黃色珠針標示點對齊，依紙型車縫寬度1cm、長度9cm的褶褶。

縫份倒向袖口

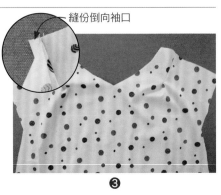

❸

在正面，車褶朝前中心，背面褶褶縫份倒向袖口，整燙。

3 綁帶和前片車合

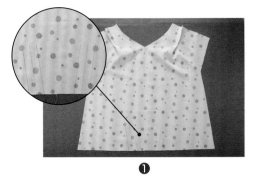

❶

前片背面下襬處，依紙型標示畫出夾車兩條綁帶位置。

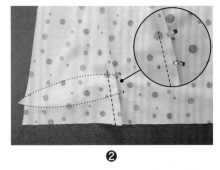

❷

背面朝上，從正面將綁帶置入車褶的最上端點，在背面車褶畫線重疊並用強力夾固定，留意衣襬褶處下緣要齊平。

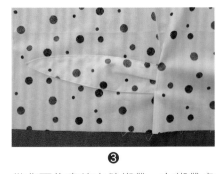

❸

從背面依畫線車縫綁帶，在綁帶處可以來回車縫加強，正面樣。

❹

另一邊也是相同方法。

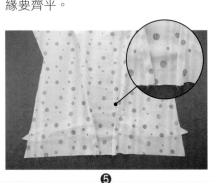

❺

在背面，車褶縫份倒向前中心。

4 肩線車合

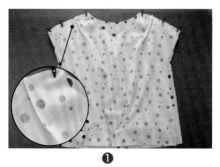

❶

前後片正面對正面，強力夾固定兩者肩線，留意前片肩線車褶縫份倒向袖口。

❷

車縫肩線。

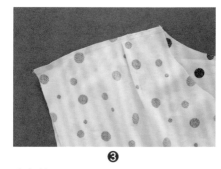

❸

車布邊。

5 領口貼邊包邊

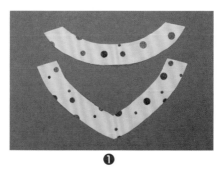

❶

依紙型外加指定縫份裁剪前後領口貼邊布。

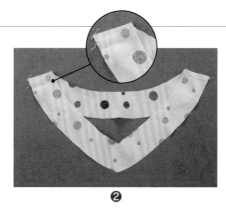

❷

前後領口貼邊布正面對正面，肩線對齊，車縫肩線並車布邊。

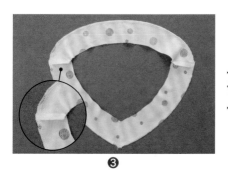

❸

貼邊布組外緣車布邊，肩線縫份倒向前貼邊布。

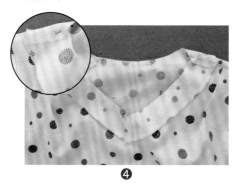

❹

上衣領口和貼邊布組正面對正面，兩者肩線車縫線對齊並且縫份錯開（上衣肩線縫份倒向後，貼邊布組肩線縫份倒向前），珠針固定兩者一圈。

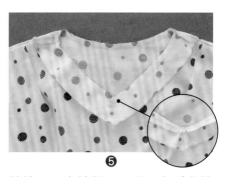

❺

縫份1cm車縫領口一圈，在弧處剪牙口，尤其前領口V處。

★如果習慣領口小一點者，可以縫份0.7cm。

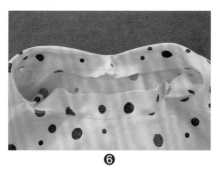

❻

領口縫份倒向貼邊布組，領口攤平，離縫合處0.2cm壓線在貼邊布組一圈（上衣正面看不到壓線，這樣的方法可以使貼邊布更順入）。

6 貼邊布外緣固定

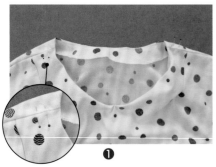

❶

貼邊布組和縫份往領口內順入整理，領口和貼邊布組的肩線對齊，珠針固定。

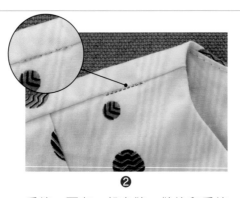

❷

肩線：兩者一起車縫，縫線和肩線縫線一致，有兼具固定兩者和隱藏作用，另一邊也是相同方法。

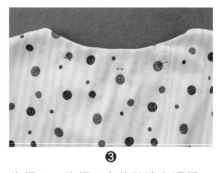

❸

後領口：後領口和後貼邊布順好，後領口平均三等份，貼邊布外緣的布邊線上珠針固定兩者，橫向車縫約1cm長。

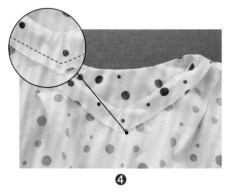

❹

前領口：前領口和前貼邊布順好，前中心左右約10cm用手縫線疏縫固定，再以丁鳥縫針法局部固定前貼邊布和前領口。

★千鳥縫方法請參考P47。

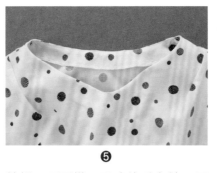

❺

前領口正面樣，正確的千鳥縫，正面看不見針趾。

∞ 可以整個前領口都千鳥縫更好!!

7 脇邊車縫

❶

兩脇邊（從後片下襬至袖口至前片下襬）各自車布邊，肩線縫份倒向後片。

❷

前後片正面對正面，在背面，依紙型標註袖口位置，袖止點以下，前後片的脇邊用強力夾固定至下襬。

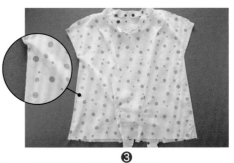

❸

車縫脇邊，另一邊也是相同作法。

8 袖口車縫

❶

袖口往內摺1cm，用強力夾固定。

❷

離摺邊0.7cm車縫一圈，另一邊也是相同作法。

9 衣襬車縫

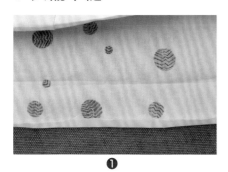

❶

衣襬往內摺0.5cm，再摺3cm一褶，強力夾固定，整燙。

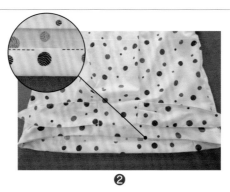

❷

離褶邊0.2cm車縫一圈，但在後片留3cm鬆緊帶穿入口不車。

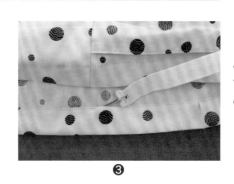

❸

穿繩工具穿入鬆緊帶一圈。

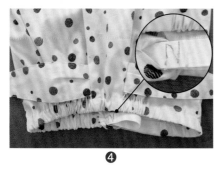

❹

確認鬆緊帶有無翻滾，頭尾重疊約1.5cm，珠針固定，車縫N字型。

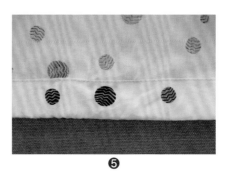

❺

鬆緊帶順入，車縫穿入口。
★防鬆緊帶翻轉固定方法請參考P53。

❻

綁上綁帶，完成。

V領腰間大綁結 可前後換穿短洋

P.60 · 實物大型紙 ABC 面 · M、L size

學習重點

1.領口貼邊布固定方法。2.腰間綁結夾車。

－適合布料材質－

棉（麻）布

■版型裁布圖

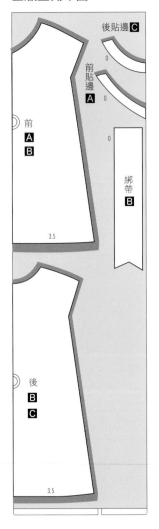

後貼邊 **C**

0

前貼邊 **A**

0

前
A
B

0

綁帶 **B**

3.5

後
B
C

3.5

■用布量

表布　　7尺

（110公分幅寬，無圖案方向性）

★本作品可隨需求調整：綁帶長度、裙身長度。

★裁剪注意事項：裙襬外擴型，裙襬縫份需內縮。

★紙型未標示裁布外加縫份處皆需外加1公分，對摺線處則不外加。

★本作品縫製方法可以參考P00 Ｖ領上衣

2 前片肩線車褶　**5** 領口貼邊包邊

4 肩線車合

8 袖口車縫

6 領口貼邊布外緣固定

3 綁帶和前片車合

1 綁帶製作

7 脇邊車縫

9 裙襬車縫

簡易改版型

從前片和後片的中心線平行外加或內減，做1公分以內的微幅調整，記得貼邊布中心線也要跟著調整。

1 綁帶製作

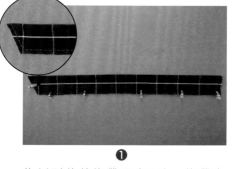

❶

依紙型裁剪綁帶用布2片。綁帶布正面對正面對摺，強力夾固定，車縫，唯末端平口不車。

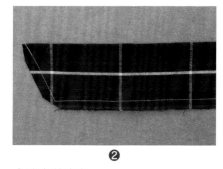

❷

尖端處剪去角。

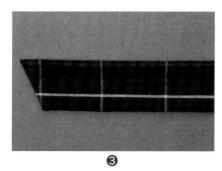

❸

翻至正面，整燙。

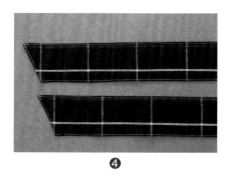

❹

離邊0.2cm車縫壓線，返口處不車，另一條綁帶也是相同方法。

2 前片肩線車褶

❶

在前片的背面依紙型標示車褶，縫份倒向袖口，0.7cm車縫固定。

＊本作品詳細製作方法請參考P97V領上衣。

3 綁帶和前片車合

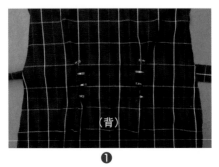

（背）

❶

在前片腰間背面依紙型標示畫出兩條綁帶夾車位置，背面朝上，從正面將綁帶置入車褶的最上端，置入時留意兩條綁帶端斜口方向一致，在背面用強力夾固定，從背面依畫線車縫，綁帶處可以來回車縫加強。

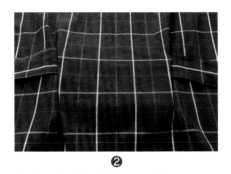

❷

完成兩邊夾車綁帶，正面樣。

4 肩線車合

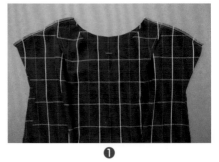

❶

上衣前後片正面對正面，強力夾固定兩者肩線，車縫並車布邊。

5 領口貼邊包邊

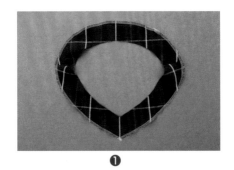

❶

前後領口貼邊布正面對正面，肩線對齊，車縫肩線並車布邊。
貼邊布組的外圈車布邊，肩線縫份倒向前貼邊。

❷

領口和貼邊布組正面對正面，確認兩者前後領口一致，兩者肩線車縫線對齊並且縫份錯開（上衣肩線縫份倒向後，貼邊布組肩線縫份倒向前），縫份1cm車縫領口一圈。

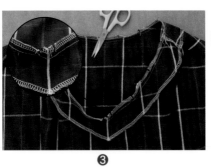

❸

領口車布邊，弧處剪牙口（尤其前領口V處）。

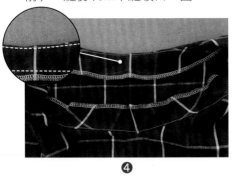

❹

領口攤平，縫份倒向貼邊布組，離縫合處約0.2cm壓線在貼邊布組一圈（上衣正面看不到壓線喔）。

∞ 如果習慣領口小一點者，可以縫份0.7cm。

6 領口貼邊布外緣固定

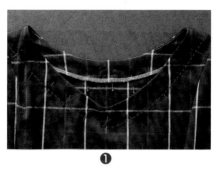

❶

貼邊布組和縫份往領口內順入整理，兩者肩線對齊，順貼邊布下緣，珠針固定兩者一圈，貼邊布組朝上，離貼邊布下緣的布邊線0.7cm，車縫固定領口一圈。

7 脇邊車縫

❶

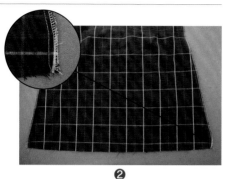

❷

本作品的前後片裙襬是外擴，所以裙襬縫份處兩側需要內縮再外擴。

＊有關縫份外擴或內縮的詳細說明，請參考P37。

兩脇邊各自車布邊（從後片裙襬至袖口至前片裙襬），肩線縫份倒向後片，前後片正面對正面，在背面，依紙型標示袖口位置，袖止點以下的脇邊用珠針或強力夾固定至裙襬，車縫脇邊，另一邊也是相同作法。

8 袖口車縫

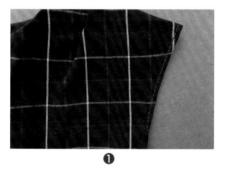

❶

袖口往內摺1cm，離摺邊0.7cm車縫一圈，另一邊也是相同作法。

9 裙襬車縫

❶

裙襬往內摺0.5cm，再摺3cm一摺，強力夾固定，整燙，背面朝上，離摺邊0.1cm車縫一圈，綁帶可以往前或往後綁，完成。

＊若用布較厚，可以參考P51，減少裙襬厚度。

外翻V領上衣

P.62 · 實物大型紙 AD 面 · free size

學習重點

1.外翻領貼邊車縫。 2.領口三摺包邊。 3.後衣襬側車褶。

－適合布料材質－

薄棉（麻）布

■版型裁布圖

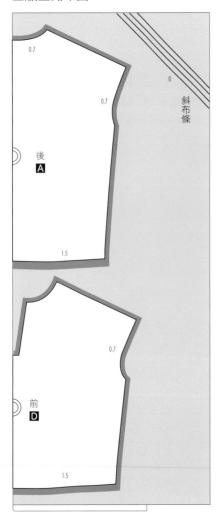

■用布量

表布	5尺
別布	1尺

（110公分幅寬，無圖案方向性）

■無版型用布尺寸（已含0.7cm縫份）

後領口斜布條	25×2.5cm	一條
袖口斜布條	40×2.5cm	兩條

★紙型未標示裁布外加縫份處皆需外加1公分，對摺線處和無版型用布則不外加。

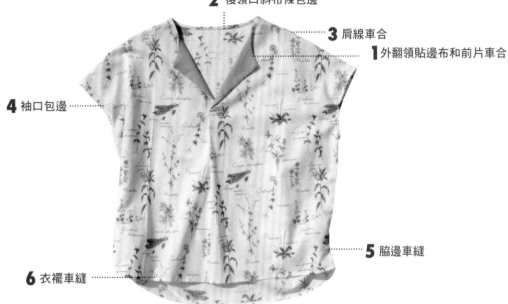

2 後領口斜布條包邊

3 肩線車合

1 外翻領貼邊布和前片車合

4 袖口包邊

5 脇邊車縫

6 衣襬車縫

簡易
改版型

從前片和後片的中心線平行外加或內減，做 0.7 公分以內的微幅調整，記得後領口斜布條長度和外翻領貼邊布也要跟著增減。

1 外翻領貼邊布和前片車合

❶

依紙型外加指定縫份裁剪外翻領貼邊布1片。

❷

燙上洋裁襯。

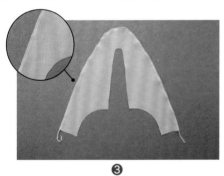

❸

外翻領貼邊布外緣車布邊。

❹

外翻領貼邊布和前片正面對正面，領口部份強力夾固定。

❺

縫份1cm車縫領口。

❻

弧度處剪牙口。

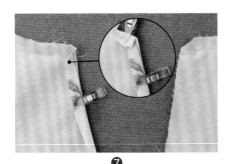

⑦

領口衣角處兩邊的縫份往內摺。

＊快速整理出漂亮的衣角方法請參考P49。

⑧

再用筷子作為工具。

⑨

完美整理出衣角。

⑩

整燙，背面樣。

⑪

正面朝上，紅白珠針同一水平距離6cm。

⑫

白珠針往紅珠針重疊，摺出一個3cm寬褶。

⑬

重疊後用珠針固定，記號筆畫一個3×1cm的長方形。

⑭

依畫線車縫長方形，固定寬褶。

⑮

背面車褶樣。

2 後領口斜布條包邊

❶

後片領口和斜布條正面對正面，斜布條起點斜邊和肩線斜邊對齊，用強力夾固定。

❷

縫份0.7cm車縫，弧處適度剪牙口。

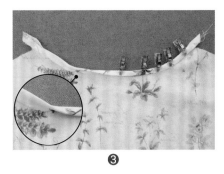

❸

整理縫份，整燙，斜布條往內摺至前一道縫線處，然後斜布條和縫份皆往內摺，用強力夾固定。

＊三摺包邊方法請參考P41。

❹

後片背面朝上，離斜布條布邊0.1cm車縫壓線。

❺

若兩端有多餘斜布條順著肩線剪去。

3 肩線車合

❶

上衣前後片正面對正面，強力夾固定兩者肩線。

❷

車縫肩線。

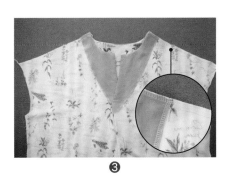

❸

肩線車布邊。

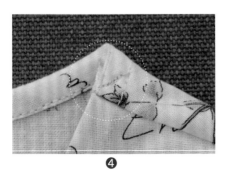

④

在正面，肩線縫份倒向後片，從後領口往下車縫一道斜線來固定肩線的縫份，在車之前請先看下兩張圖。

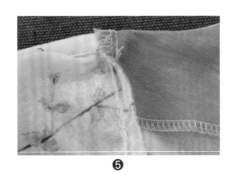

⑤

車縫斜線前，請先將布邊線置入縫份內約2cm。

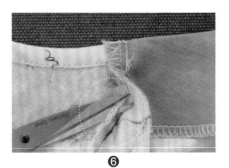

⑥

布邊線留2cm其餘剪去。

4 袖口斜布條包邊

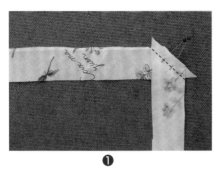

❶

斜布條接法:兩條斜布條正面對正面，斜口處重疊，珠針固定斜邊，從交叉點車縫至另一端的交叉點。

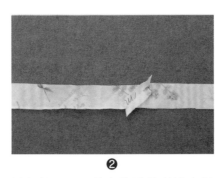

❷

縫份撥開，順著布條邊將斜邊多餘的布剪去。

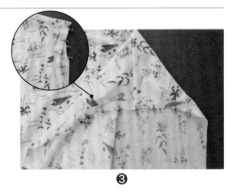

❸

上衣攤平正面朝上，斜布條和袖口正面對正面，用強力夾（或珠針）固定兩者，留意肩線縫份倒向後片。

❹

縫份0.7cm車縫袖口，弧處適度剪牙口。

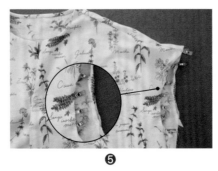

❺

整理縫份，整燙，斜布條往內摺至前一道縫線處，然後斜布條和縫份皆往內摺，用強力夾固定。

*三摺包邊方法請參考P41。

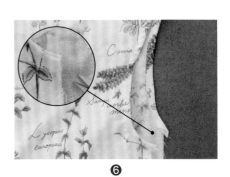

❻

上衣背面朝上，離斜布條摺邊0.1cm車縫壓線一圈，順著脇邊剪去多餘的包邊斜布條。

5 脇邊車縫

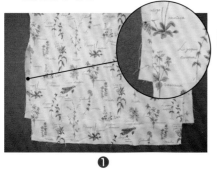

❶

在後片正面，依紙型標示後片脇邊車褶位置（圖中紅白珠針處）。

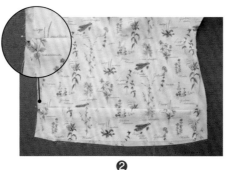

❷

白珠針往上方紅珠針重疊，脇邊對齊。

❸

縫份0.7cm車縫固定重疊的部分。

❹

上衣前後片正面對正面，強力夾固定前後的脇邊（袖下到衣襬）。

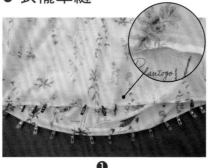

❺

車縫脇邊。

❻

車布邊。

❼

腋下的脇邊縫份倒向後片，在後片腋下正面車縫一道約1.5cm斜車線，作用在固定脇邊的縫份。車縫前，記得將前一個步驟所留下的布邊線（約2cm）置入縫份內。

6 衣襬車縫

❶

衣襬往內摺0.7cm，再摺0.7cm一褶，強力夾固定，整燙。

❷

上衣背面朝上，離摺邊0.1cm車縫一圈，完成。

前拼接背心

P.64 · 實物大型紙 ABD 面 · M、L size

學習重點

1.領口三摺包邊。 2.弧度接合車縫。 3.衣襬局部鬆緊帶。

－適合布料材質－
薄棉（麻）布

■版型裁布圖

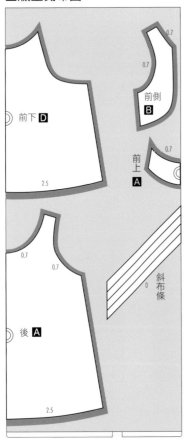

★紙型未標示裁布外加縫份處皆需外加1
公分，對摺線處和無版型用布則不外加。

■用布量

表布	4.5尺

（110公分幅寬，無圖案方向性）

■無版型用布尺寸（已含0.7公分縫份）

領口斜布條	90×2.5cm	一條（M）
	92×2.5cm	一條（L）
袖口斜布條	55×2.5cm	兩條（M）
	57×2.5cm	兩條（L）

■其他材料

鬆緊帶	1cm寬×25cm	兩條

★可隨需求調整長度、鬆緊帶長度，或者不加鬆緊帶。

3 領口斜布條包邊

2 肩線車合

4 袖口斜布條包邊

1 前片接合車縫

5 脇邊車縫

6 衣襬車縫

簡易
改版型

從前片和後片的中心線平行外加或內減做0.7公分以內的微幅調整。

1 前片接合車縫

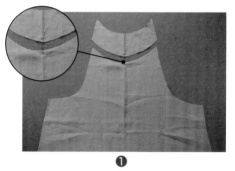

❶

前（上）下緣標示中心點，前（下）上緣也標示中心點。

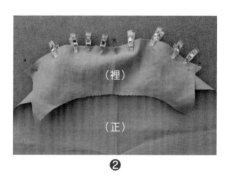

❷

前（上）和前（下）正面對正面，兩者的中心點對齊，強力夾固定。

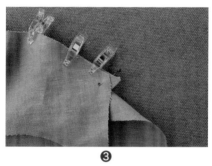

❸

前（下）的兩端點需比前（上）多出1cm。

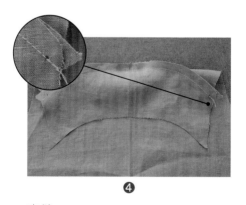

❹

車縫。

＊或者參考P119拼接無袖長洋，以紙型的方法標出合印點。

❺

正面樣，若方法正確，縫合後縫份向上，側邊會是吻合的。

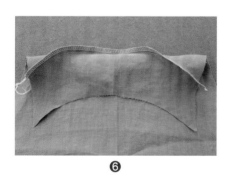

❻

車布邊。

113

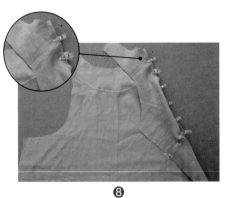

❼

縫份倒向前（上），在前（上）正面，離縫合線0.3cm車縫壓線。

❽

前（側）和前片正面對正面，依前（側）紙型標示和前（上）的合印點對齊，強力夾固定，前（上）的兩端點需比前（側）多出1cm。

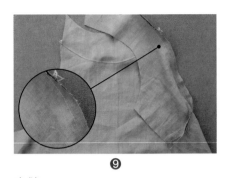

❾

車縫。

❿

車布邊。

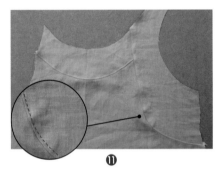

⓫

縫份倒向前（側），在前（側）正面，離縫合線0.3cm車縫壓線。

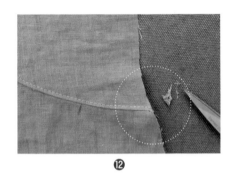

⓬

脇邊若有多出的布邊，可以順著脇邊剪齊。

⓭

另一前（側）也是相同方法。

2 肩線車合

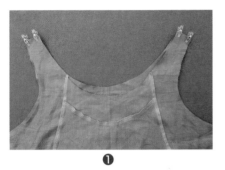

❶

後片正面朝上，前後片正面對正面，強力夾固定兩者肩線。

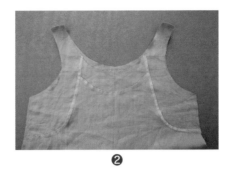

❷

車縫肩線。

❸

肩線車布邊。

3 領口斜布條包邊

❶

備領口斜布條。

＊斜布條接法請參考P110。

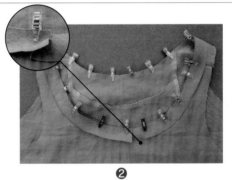

❷

從領口後中心開始，領口斜布條起點先往內摺1cm，以逆時針方向和後領口正面對正面，用強力夾（或珠針）固定領口一圈，留意肩線縫份倒向後片，最後斜布條重疊起點1cm。

❸

縫份0.7cm車縫一圈。

❹

整理縫份，整燙，斜布條往內摺至前一道縫線處，然後斜布條和縫份皆往內摺，強力夾或珠針固定。

＊三摺包邊方法請參考P41。

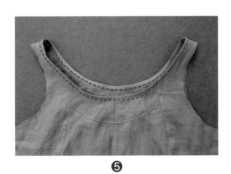

❺

背心裡面朝上，離斜布條摺邊0.1cm車縫壓線一圈。

4 袖口斜布條包邊

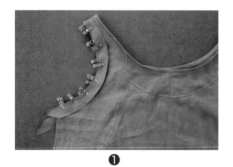

❶

背心正面朝上，斜布條和袖口正面對正面，用強力夾（或珠針）固定，留意肩線縫份倒向後片。

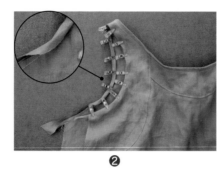

❷

縫份0.7cm車縫，弧處適度剪牙口，整理縫份，整燙，斜布條往內摺至前一道縫線處，然後斜布條和縫份皆往內摺，強力夾或珠針固定，多餘的斜布條順著脇邊剪去。

＊三摺包邊方法請參考P41。

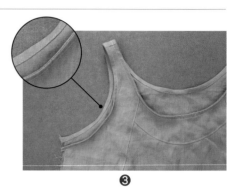

❸

背心裡面朝上，離斜布條摺邊0.1cm車縫壓線。

❹

脇邊剪齊。

❺

另一邊袖口包邊也是相同方法。

5 脇邊車縫

❶

前後片正面對正面，兩側脇邊從袖腋下至衣襬用強力夾固定，車縫兩邊脇邊。

❷

車布邊。

❸

脇邊縫份往後片倒，在腋下車縫一道約1cm斜線（由後往前斜）固定縫份。

6 衣襬車縫

❶

脇邊車縫後再車布邊,會增加衣襬收邊的厚度。

❷

可以剪去車布邊的布邊,長度小於縫份,例如:本作品縫份是2.5cm,則剪去0.5×4cm小布片。

＊減少衣襬厚度請參考P51。

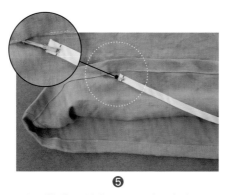

❸

衣襬往內摺0.5cm,再摺2cm一褶,珠針固定,整燙。依紙型標示側邊鬆緊帶的1.5cm穿入口,共計有四個(前後各兩個),圖中白色珠針之間即為穿入口位置。

❹

除四個穿入口不車外,其他的部份離褶邊0.2cm車縫。

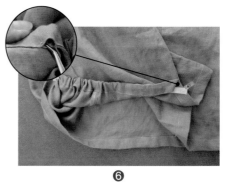

❺

鬆緊帶的兩端標1.5cm記號線,一條鬆緊帶的穿入與穿出介於脇邊之間,使用穿繩工具穿入鬆緊帶。

❻

穿入口用強力夾夾住上衣和鬆緊帶,再使用鑷子將鬆緊帶端點送入管道。

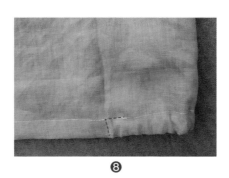

❼

用珠針固定上衣和鬆緊帶1.5cm的位置。車縫L固定鬆緊帶及穿入口。鬆緊帶另一端也是相同方法。

❽

正面樣。

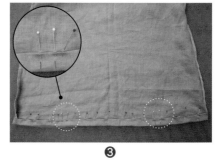

❾

另一側邊也是相同方法,完成。

前拼接無袖長洋

P.66 · 實物大型紙 ACD 面 · free size

學習重點

1.領口三摺包邊。 2.弧度接合車縫。 3.口袋與衣身一體成型裁剪與車縫。

－適合布料材質－

亞麻布

■版型裁布圖

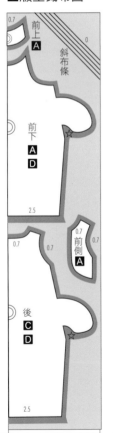

★紙型未標示裁布外加縫份處皆需外加1公分，對摺線處和無版型用布則不外加。

★裁剪注意事項：
1.口袋和衣服本體一體成型，裁剪至口袋時，請使用「口袋裁剪用（已含縫份）」紙型，紙型在A面。 2.裙襬內縮型，裙襬縫份需外擴。

■用布量

表布	8尺

（150公分幅寬，無圖案方向性）

■無版型用布尺寸（已含0.7cm縫份）

領口斜布條	70×2.5 cm	一條
袖口斜布條	45×2.5 cm	兩條

★本作品可隨需求調整：**長度、裙襬的包度。**

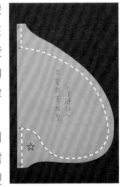

∞ 此款作品設計口袋和本體是一體成型，在接近袋口的上下會以較大的弧度裁剪，這樣的方法是為了口袋可以容易車布邊。

為了讓前後及兩邊的口袋裁剪能一致，所以需要有「口袋裁剪紙型（已含縫份）」，前後片裁剪至口袋時，請將「口袋裁剪用紙型（已含縫份）」和 本體紙型的袋口合印點重疊，再裁剪口袋。

3 領口斜布條包邊

2 肩線車合

4 袖口斜布條包邊

1 前片接合車縫

5 脇邊和口袋車縫

6 裙襬車縫

簡易
改版型

增減。

從前片和後片的中心線平行外加或內減做 0.7 公分以內的微幅調整，領口斜布條也要隨著

1 前片接合車縫

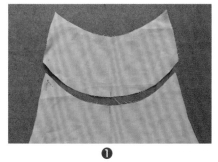

❶

前（上）下緣標示中心點，前（下）上緣也標示中心點。

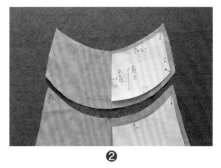

❷

用紙型（未含縫份）標示前（上）和前（下）兩者的合印點（結合點）。

❸

前（上）和前（下）合印點。

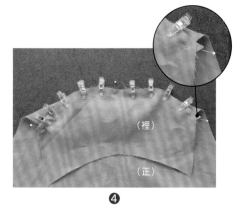

（裡）

（正）

❹

前（上）和前（下）正面對正面，中心點對齊，強力夾固定，合印點以珠針固定，前（下）的兩端點需比前（上）多出1cm。

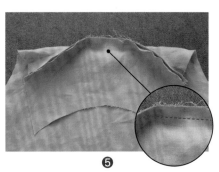

❺

車縫。

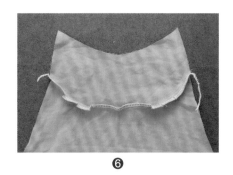

❻

車布邊，弧處剪適當牙口。

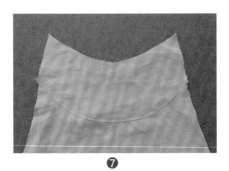

❼

縫份倒向前（上），在前（上）正面離縫合線0.3cm車縫壓線。

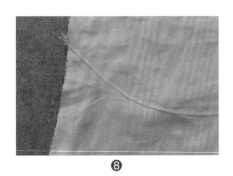

❽

標好合印點，再車縫，側邊布邊會是平順的。

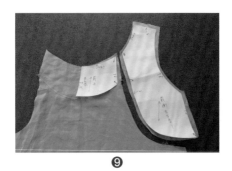

❾

用紙型（未含縫份）標示前（側）和前（上）兩者的合印點。

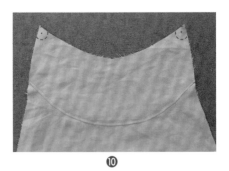

❿

前（上）和側的合印點。

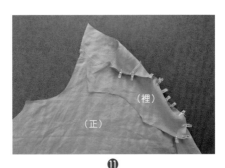

（裡）

（正）

⓫

前（側）和前片正面對正面，前（側）和前（上）的合印點對齊，強力夾固定。

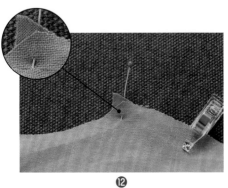

⓬

前（上）的端點需比前（側）多出1cm，合印點以珠針固定。

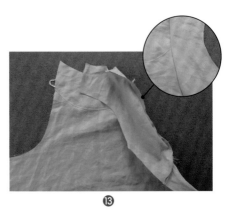

⓭

車縫。

⓮

車布邊。

⓯

縫份倒向前（側），在前（側）正面，離縫合線0.3cm車縫壓線，另一邊也是相同方法。

2 肩線車合

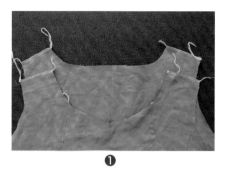

❶

前後片肩線各自車布邊。

❷

後片正面朝上，前後片正面對正面，車縫肩線。

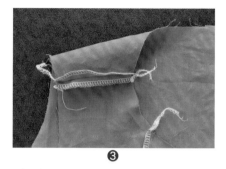

❸

縫份撥開。

3 領口斜布條包邊

❶

裁剪領口斜布條。

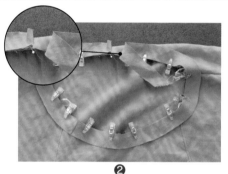

❷

從後片領口中心開始，領口斜布條起點先往內摺1cm和後片領口正面對正面，以逆時針方向用強力夾（或珠針）固定領口一圈，留意肩線縫份撥開，最後斜布條重疊起點1cm。

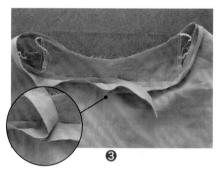

❸

縫份0.7cm車縫一圈，布條終點和起點重疊1cm，多餘的剪去。

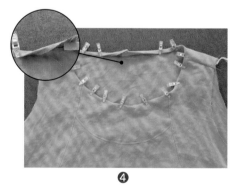

❹

整理縫份，整燙，斜布條往內摺至前一道縫線處，然後斜布條和縫份皆往內摺，強力夾或珠針固定。

＊三摺包邊方法請參考P41。

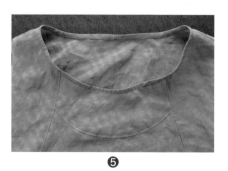

❺

洋裝背面朝上，離斜布條摺邊0.1cm車縫壓線。

4 袖口斜布條包邊

❶

裁剪袖口斜布條。

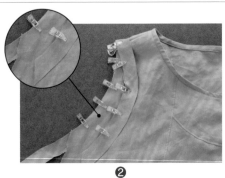

❷

斜布條和袖口正面對正面，用強力
夾（或珠針）固定兩者，留意肩線
縫份撥開。

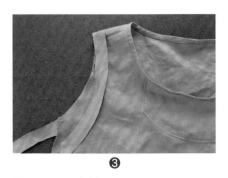

❸

縫份0.7cm車縫。

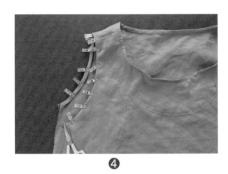

❹

整理縫份，整燙，斜布條往內摺至
前一道縫線處，然後斜布條和縫份
皆往內摺，強力夾或珠針固定，多
餘的布條順著斜邊剪去。

＊三摺包邊方法請參考P41。

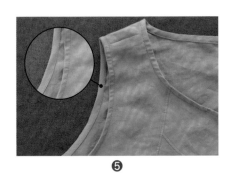

❺

洋裝背面朝上，離斜布條摺邊
0.1cm車縫壓線，另一邊袖口包邊
也是相同方法。

5 脇邊和口袋車縫

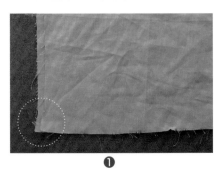

❶

衣款裙襬內縮，所以外加縫份裁剪
時需外擴。

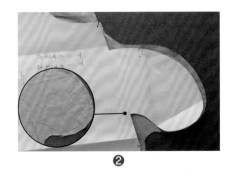

❷

車縫前，將上衣（未含縫份）紙型
放在布的背面，畫出口袋的車縫
線。

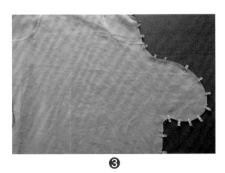

❸

後片正面朝上，前後片正面對正
面，從腋下經過口袋至裙襬強力夾
固定。

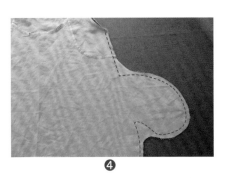

④

車縫至口袋時，請依著畫線車縫。

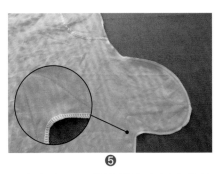

⑤

再車布邊，口袋這樣的大弧度裁剪方法，使口袋車布邊變得容易，另一邊也是相同方法。

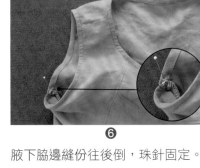

⑥

腋下脇邊縫份往後倒，珠針固定。

⑦

在袖下車縫一道約1cm斜線（由後往前斜）固定脇邊的縫份。

⑧

背面樣。

⑨

兩邊脇邊完成樣。

6 裙襬車縫

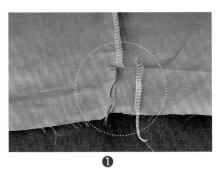

❶

脇邊車縫後再車布邊，會增加衣襬角收邊的厚度，可以剪去車布邊的布邊長度0.5×4cm的小布片。

＊減少衣襬的厚度方法請參考P51。

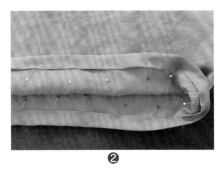

❷

裙襬往內摺0.5cm，再摺2cm一摺，整燙，珠針固定。

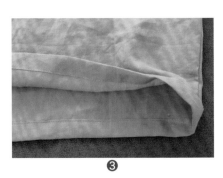

❸

離摺邊0.1cm車縫一圈，完成。

荷葉衣襬 前短後長小袖上衣

P.68・實物大型紙 BC 面・M、L size

學習重點

1.後領口開U型貼邊。 2.釦環製作翻面技巧。 3.領口三摺包邊。
4.荷葉衣襬拉皺。

－適合布料材質－
薄棉（麻）布

■版型裁布圖

前衣襬 **C**
1.5

後衣襬 **B**
1.5

0.7

前 **B**

0.7

後 **B**

U
貼
邊
×1
B
0

釦環布
×1
0

斜布條
0

裁剪之後，重新摺疊布料。

■用布量

表布	5尺

（110公分幅寬，無圖案方向性）

■無版型用布尺寸（已含0.7cm縫份）

領口斜布條 70×2.5cm	一條（M）
	72×2.5cm	一條（L）

■其他材料

釦子	直徑1cm	一個
釦環布片	小布片	

★本作品可隨需求調整：上衣長度、荷葉衣襬
　長度。

★紙型未標示裁布外加縫份處皆需外加1公分，對
摺線處和無版型用布則不外加。

簡易 改版型

從前片和後片的中心線平行外加或內減做1公分以內的微幅調整，斜布條也要隨著增減。

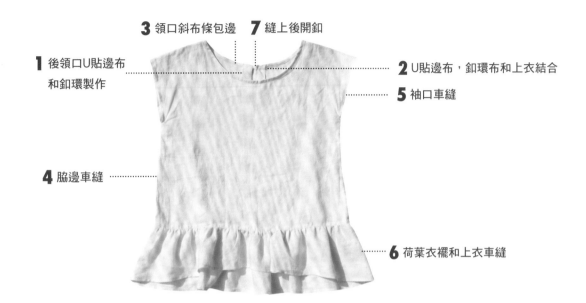

3 領口斜布條包邊　　**7** 縫上後開釦

1 後領口U貼邊布和釦環製作

2 U貼邊布，釦環布和上衣結合

5 袖口車縫

4 脇邊車縫

6 荷葉衣襬和上衣車縫

1 後領口U貼邊布和釦環製作

❶

在U貼邊布的背面燙洋裁襯，U型車布邊，上緣不車。

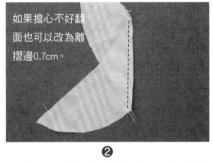

如果擔心不好翻面也可以改為離摺邊0.7cm。

❷

隨意取一塊裁剪後剩餘的碎布，摺斜布紋方向，離摺邊0.5cm車縫一道約7cm長（實際需要4.5cm，但因翻面時會有耗損）。

❸

離車縫線約0.2~0.3cm剪下釦環布。

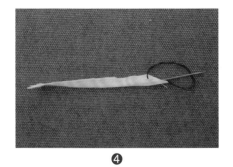

❹

釦環布頭尾剪斜，準備粗針穿好短的手縫線，線結由車縫處穿出，針尖朝外，針（孔）頭先穿入。

＊釦環製作方法請參考P50。

❺

針從另一頭穿出。

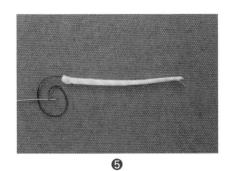

❺

慢慢地拉出手縫線，即可將釦環布翻至正面，取4.5cm釦環布備用。

2 U貼邊布，釦環布和上衣結合

❶

上衣前後片正面對正面，強力夾固定。

❷

車縫肩線。

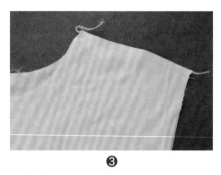

❸

車布邊。

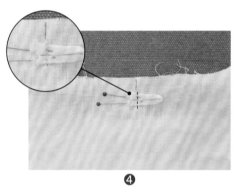

❹

釦環布對摺平放在上衣後片的正面中心（離領口0.7cm，端點往左0.3cm），用珠針固定，對齊後中心線車縫。

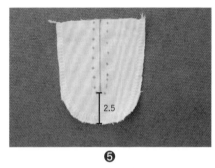

❺

在U貼邊布的背面畫出中心線，並且離下緣2.5cm、離中心兩側0.5cm畫U型記號線。

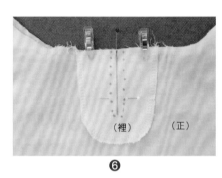

❻

U貼邊布和後片正面對正面，兩者中心線對齊。

（裡）　　　（正）

❼

依著U記號線車縫。

❽

沿著中心剪開至離車縫線下緣0.5cm剪Y字牙口。

3 領口斜布條包邊

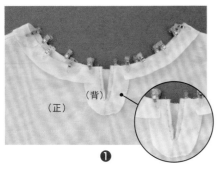

❶

領口斜布條和上衣正面對正面，布條正面朝下，放在U貼邊布背面上面，兩者重疊約1.5cm，用強力夾（或珠針）固定領口一圈，留意肩線縫份倒向後片。

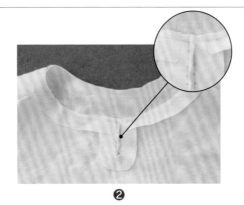

❷

縫份0.7cm車縫一圈。

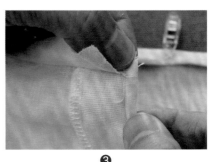

❸

側邊縫份往內（左）摺。

＊如何整理出漂亮直角？可參考P49。

❹

上緣縫份往下摺。

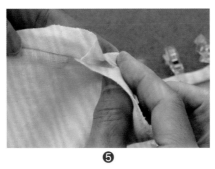

❺

右手拇指從正面頂和食指掐住摺角，往外翻。

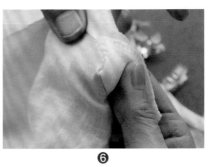

❻

往內頂出直角，U貼邊布翻至上衣內。

❼

斜布條也順著整理至上衣內，斜布條的兩端點會被U貼邊布包覆住。

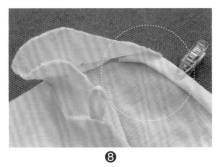

❽

整理縫份，整燙，斜布條往內摺至前一道縫線處，然後斜布條和縫份皆往內摺。

＊三摺包邊方法請參考P41。

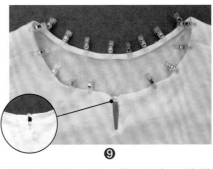

❾

強力夾固定一圈，背面朝上，離斜布條摺邊0.1cm車縫壓線一圈。

4 脇邊車縫

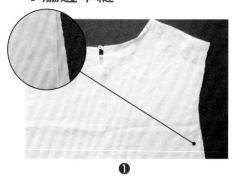

❶

袖口肩線縫份倒向後，從後衣襬至前衣襬兩脇邊先各自車布邊。

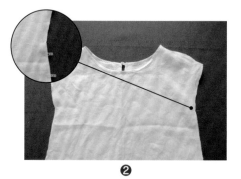

❷

依紙型標註袖止點位置（珠針處），珠針以下為脇邊，前後片正面對正面，脇邊用強力夾固定至衣襬。

❸

車縫脇邊。

5 袖口車縫

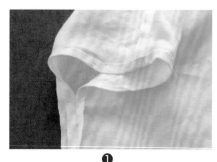

❶

脇邊縫份撥開，袖口往內摺1cm，正面朝上，離摺邊0.7cm車縫袖口一圈，腋下處車縫橫向車線加強。

6 荷葉衣襬和上衣車縫

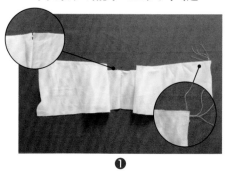

❶

前後片荷葉衣襬上緣標示出中心點，各自車兩條拉皺摺線，針距調至最大，車縫兩道不重疊且頭尾不回針的線，第一道離布邊0.7cm，第二道離布邊0.9cm，頭尾都留約3cm的車線，同時拉動正面的兩條上線，即可拉出皺褶。

＊拉皺褶方法請參考P39。

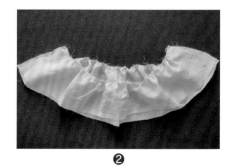

❷

離兩側邊1.5cm可以挑掉拉皺褶的車線，前後荷葉衣襬各自拉皺褶至和上衣前後周長一致後，兩片衣襬正面對正面，留意上下緣一致，珠針固定兩側邊。

❸

車縫，並車布邊。

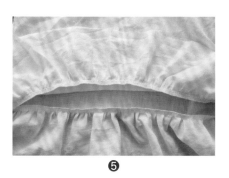

❹

確認上衣（前後）下襬和荷葉（前後）衣襬，正面對正面，兩者脇邊車縫線對齊縫份錯開（上衣縫份倒後，衣襬縫份倒前），珠針固定一圈。

❼

荷葉衣襬兩邊脇邊剪去0.5×2cm小布片，降低衣襬縫份的厚度。

＊減少衣襬的厚度方法請參考P51。

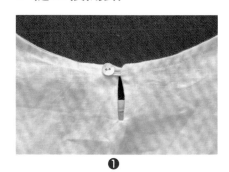

❶

後片U開釦正面的另一邊適當位置縫上鈕釦，完成。

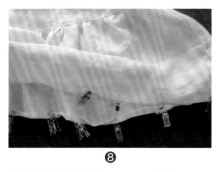

❺

車縫一圈，並車布邊。

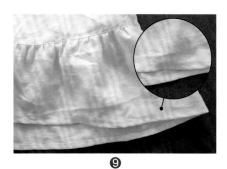

❽

荷葉衣襬往內摺0.7cm，再摺0.7cm一褶，強力夾固定，整燙。

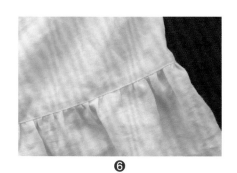

❻

縫份倒向上衣，在上衣正面，離車縫線0.2cm，車縫壓線在上衣。

❾

背面朝上，離褶邊0.1cm車縫一圈。

step by step

Item

07

荷葉袖上衣

P.70． 實物大型紙 B 面 ． M、L size

學習重點

1.荷葉袖口密拷。 2.袖和袖下襠布車縫方法。 3.領口三摺包邊。

4.衣襬側車褶。

－適合布料材質－

薄棉（麻）布

■版型裁布圖

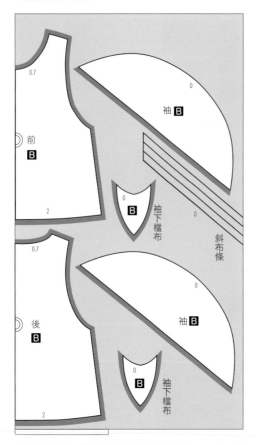

■用布量

表布	5.5尺
	（110公分幅寬，無圖案方向性）

■無版型用布尺寸（已含0.7cm縫份）

領口斜布條	65×2.5cm 一條（M）
	67×2.5cm 一條（L）
袖下擋布斜布條	20×2.5cm 兩條

★本作品可依需求調整：上衣長度。

★紙型未標示裁布外加縫份處皆需外加1公分，對摺線處和無版型用布則不外加。

簡易
改版型

跟著增減。

分以內的微幅調整，記得領口斜布條長度也要

從前片和後片的中心線平行外加或內減做0.7公

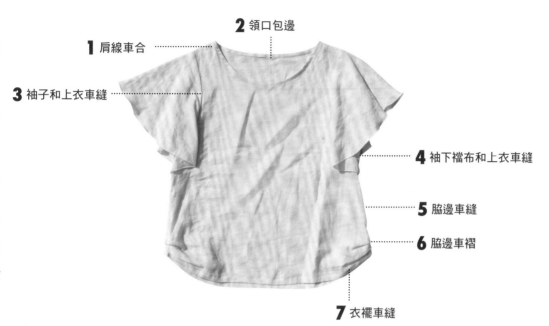

2 領口包邊

1 肩線車合

3 袖子和上衣車縫

4 袖下檔布和上衣車縫

5 脇邊車縫

6 脇邊車褶

7 衣襬車縫

1 肩線車合

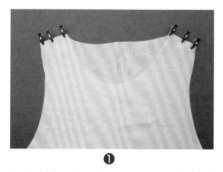

❶

上衣前後片正面對正面，強力夾固定肩線。

❷

車縫肩線。

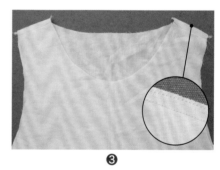

❸

肩線車布邊。

2 領口包邊

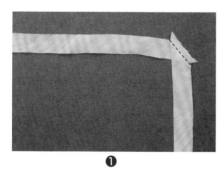

❶

斜布條接法：兩條斜布條正面對正面，斜口處重疊，從交叉點車縫至另一端的交叉點，縫份撥開。

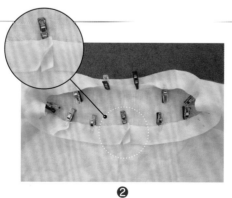

❷

從上衣領口後中心開始，斜布條起點先往內摺1cm和後領口正面對正面，以逆時針方向用珠針固定一圈，留意肩線縫份倒向後片，最後結束時要蓋住起點重疊1cm。

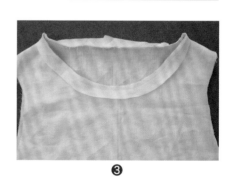

❸

縫份0.7cm車縫領口一圈，領口弧處適度剪牙口。

131

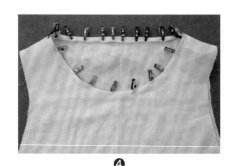

❹

整理縫份，整燙，斜布條往內摺至前一道縫線處，然後斜布條和縫份皆往內摺，用強力夾固定。

*三摺包邊方法請參考P41。

❺

上衣背面朝上，離斜布條布邊0.1cm車縫壓線一圈。

3 袖子和上衣車縫

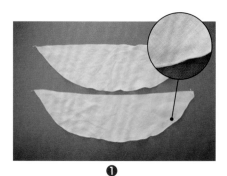

❶

依紙型外加指定縫份裁剪兩片袖子，因為要製造袖口荷葉感，記得裁布時，紙型擺斜布紋方向。弧處袖口的部分，使用拷克機捲邊密拷功能車袖口布邊。∞

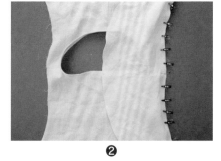

❷

袖子依紙型標示出袖山記號點，上衣正面朝上攤平，上衣和袖子正面對正面，袖山和肩線對齊，珠針固定，強力夾固定上衣和袖子至前後片腋下。

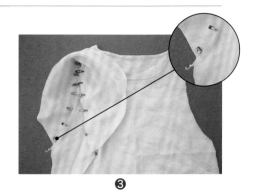

❸

袖子兩端要多出去1cm。

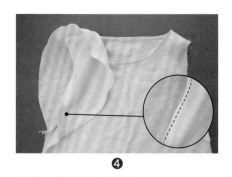

❹

兩者一起車縫，縫份1cm。

❺

另一邊袖子也是相同作法。

∞ 本作品以CC-5801拷克機示範密拷功能，也可送至坊間的服裝材料店有「車高速邊」的服務，密拷方法請參考P34。

4 袖下襠布和上衣車縫

❶

襠布上緣和斜布條正面對正面，用強力夾固定。

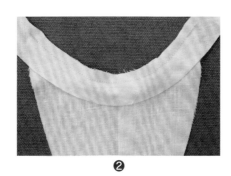

❷

縫份0.7cm車縫，弧處適度剪牙口，可將兩端多餘斜布條順著襠布的弧度剪去。

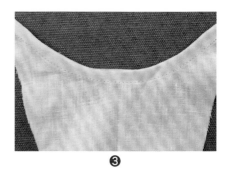

❸

整理縫份，整燙，整個斜布條往內摺至前一道縫線處，再將斜布條和縫份往內摺，珠針固定，襠布背面朝上，離布邊0.1cm車縫壓線。

＊三摺包邊方法請參考P41。

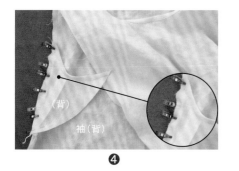

❹

依照紙型袖下襠布上緣在袖子的合印點位置，襠布正面朝下和袖子的背面（上衣的正面）相對，強力夾固定三者的一邊，襠布下緣尖端和袖尖端對齊。

❺

縫份1cm，三者一起車縫，但離襠布下緣尖端1cm不車。

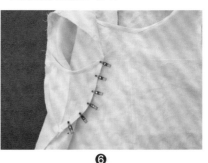

❻

襠布的另一邊也是相同作法，留意兩邊襠布的高度是否一致。

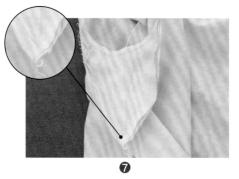

❼

襠布車縫完成。

❽

至背面，整個袖襱車布邊。

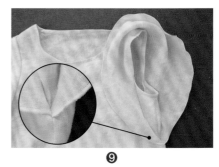

❾

袖下襠布和袖完美無縫車合。

NG

1   2

∞ 1.有時也會發生在正面出現一個小縫。2.從背面看，是因為沒有車縫至襠布尖端同一個點。

5 脇邊車縫

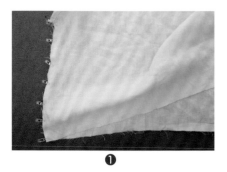

❶

至背面，強力夾固定上衣前後脇邊。

❷

車縫脇邊。

❸

車布邊。

6 脇邊車褶

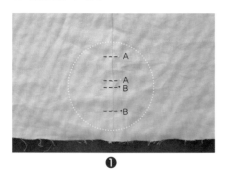

❶

在脇邊正面，依紙型標示兩褶（共四點）車褶位置。

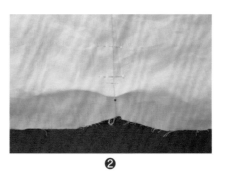

❷

脇邊縫份倒向後片，同字母（如上圖）兩點重疊，在脇邊的左右各車縫1cm固定褶子。

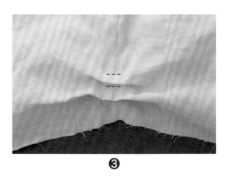

❸

每邊車兩褶，另一脇邊也相同方法。

7 衣襬車縫

❶

衣襬縫份2cm，將衣襬的脇邊縫份剪去0.5×3cm布片，這樣可以減少衣角的厚度，對於輕薄布料的效果會更明顯。

*減少衣襬厚度方法請參考P51。

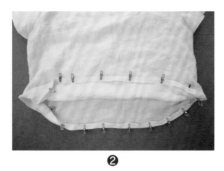

❷

衣襬往內摺0.5cm，再摺1.5cm一褶，強力夾固定，整燙。

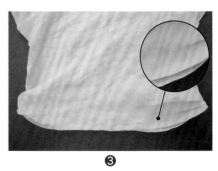

❸

上衣背面朝上，離布邊0.1cm車縫，完成。

花朵領短袖上衣

P.72 · 實物大型紙 AC 面 · M、L size

學習重點

1.花朵領車縫。 2.領口三摺包邊。 3.袖口拉皺褶。 4.袖口四摺包邊。

－適合布料材質－

薄棉（麻）布

■版型裁布圖

★紙型未標示裁布外加縫份處皆需外加1公分，對摺線處和無版型用布則不外加。

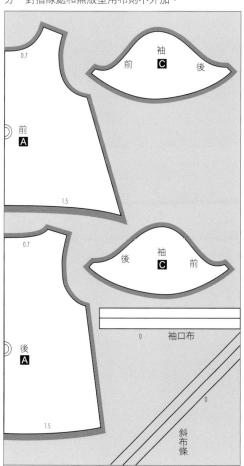

■用布量

表布	4.5尺
別布	1尺

（110公分幅寬，無圖案方向性）

■無版型用布尺寸（已含縫份）

前領口斜布條	35×2.5 cm 一條（M）
	38×2.5 cm 一條（L）
後領口斜布條	30×2.5 cm 一條（M）
	32×2.5 cm 一條（L）
袖口布	36×5 cm ↕ 兩片（M）
	38×5 cm ↕ 兩片（L）

（已含1cm縫份）

★本作品可隨需求調整：袖口布的長度與寬度、前衣襬褶數減少、上衣長度。

簡易
改版型

從前片和後片的中心線平行外加或內減做 1 公分以內的微幅調整，領口斜布條和領子也要隨著增減。

3 後領口斜布條包邊

4 肩線車合

1 花朵領車縫

2 領和前片車縫

5 袖和上衣車縫

7 袖口四摺包邊

6 脇邊車縫

8 衣襬車縫

1 花朵領車縫

❶

依紙型外加指定縫份，裁剪花朵領用布左右各2片。

＊用布如果有圖案方向性，裁布時要留意左右對稱問題。

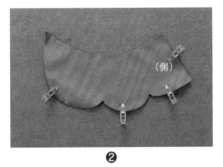

❷

兩片一組，正面對正面，內緣及側邊不車，強力夾固定，車縫外緣花朵處。

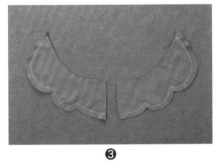

❸

車縫花朵處，針車針距調小，可以達到更好的車縫效果。

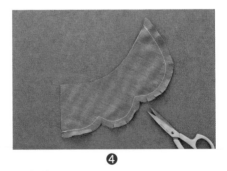

❹

弧處剪牙口。

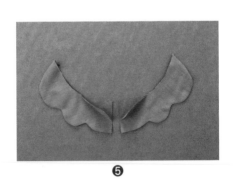

❺

翻至正面，整燙，完成兩邊領片。

2 領和前片車縫

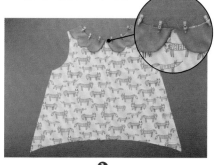

❶

前片正面朝上，標示領口中心點，領子尖點對齊領口中心點，領側邊和肩線貼齊，以領子順整為原則，強力夾固定領子內緣和領口。

＊如果外側多出則修剪，如果領子不夠達肩線，則可離上衣前中心一點距離，留意兩邊是否領子對稱。

❷

縫份0.5cm車縫固定領口和領子內緣（肩線處不要車縫）。

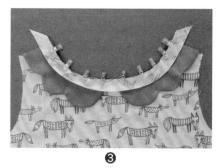

❸

斜布條和前片正面對正面，強力夾固定領口部份。

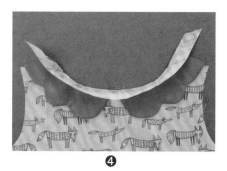

❹

縫份0.7cm車縫，弧處剪牙口。

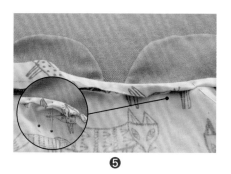

❺

領子往上攤平整理縫份，整燙，斜布條往內摺至前一道縫線處，然後斜布條和縫份皆往內摺，珠針固定，若兩端有多餘斜布條則順著肩線斜邊剪去。

＊三摺包邊方法請參考P41。

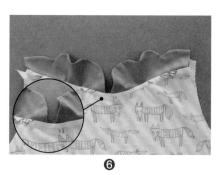

❻

上衣背面朝上，離布邊0.1cm車縫壓線（勿車縫到領子）。

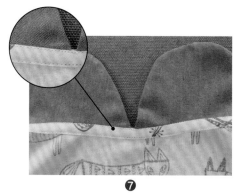

❼

斜布條內側離領子邊0.2cm也車縫壓線，有助於領子更順。

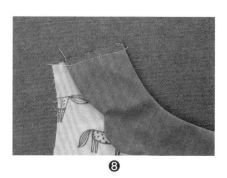

❽

兩邊領子外側和前片肩線縫份0.7cm一起車縫。

❾

完成前片領子車縫正面樣。

3 後領口斜布條包邊

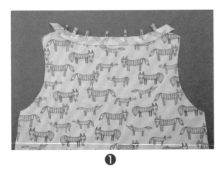

①

後領口和斜布條正面對正面，強力夾固定。

②

縫份0.7cm車縫，弧處剪牙口。

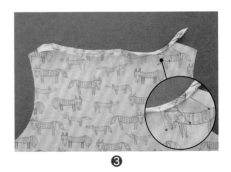

③

整理縫份，整燙，斜布條往內摺至前一道縫線處，然後斜布條和縫份皆往內摺，珠針固定，若兩端有多餘斜布條則順著肩線斜邊剪去。

*三摺包邊方法請參考P41。

④

背面朝上，離布邊0.1cm車縫壓線。

4 肩線車合

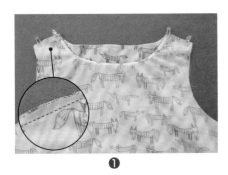

①

後片正面朝上，前後片正面對正面，強力夾固定兩者肩線，車縫肩線。

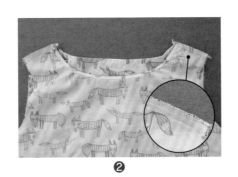

②

肩線車布邊。

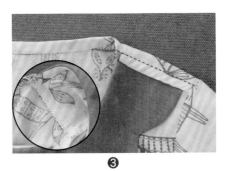

③

肩線縫份往後片倒，在後片正面，離肩線縫合線0.5cm車縫壓線一道，固定肩線縫份。

5 袖和上衣車縫

❶

袖依版型標示出袖山的位置及前後袖襱（圖中是左袖）。

❷

選用布若有圖案方向性，裁剪時須留意上下及左右袖對稱的問題（圖中是右袖）。

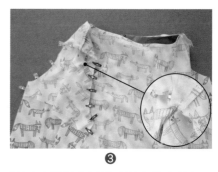

❸

袖子確認前後袖襱（圖中是右袖），和上衣正面對正面，袖山和肩線先固定，再用強力夾固定前後。

❹

車縫袖襱。

❺

另一邊也是相同方法。

❻

袖襱車布邊。

6 脇邊車縫

❶

前後片正面對正面，從袖下口至衣襱用強力夾固定，兩側脇邊都是相同方法。

❷

留意前後腋下縫線對齊，用珠針固定。

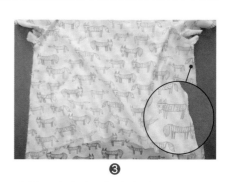

❸

車縫兩邊脇邊，並車布邊。

7 袖口四摺包邊

❶

袖口標示中心點,依紙型標示袖口拉皺褶的範圍,裁縫車針距調至最大,車縫兩道不重疊且頭尾不回針的線,同時拉動正面的兩條上線,即可拉出皺褶。∞

＊拉皺褶方法請參考P39。

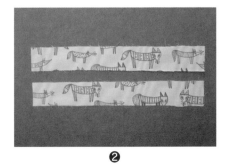

❷

裁剪兩片袖口布。

∞ 第一道離布邊0.7cm,第二道離布邊0.9cm,頭尾都留約3cm的車線,

車縫短邊。

❸

長邊對摺,短邊強力夾固定,縫份1cm車縫短邊。

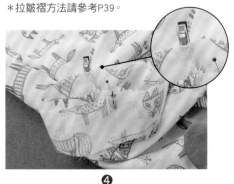

❹

袖口和袖口布正面對正面,袖口布長邊標示中心點,和袖口的中心點對齊,用珠針固定,袖口布的側邊縫合線和袖下縫合線對齊,用強力夾或珠針固定,拉動拉皺褶的車線,直到袖口和袖口布吻合。

❺

兩者吻合後,強力夾固定一圈。

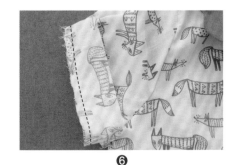

❻

縫份1cm車縫一圈。

❼

正面樣。

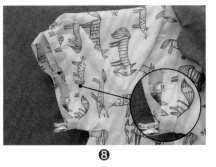

❽

袖口布和袖口的車縫縫份往袖口布倒,袖口布的外圈往內摺1cm,再摺至超過前一步驟的車縫線0.2cm,整燙,然後袖口布裡面以珠針固定。

＊四摺包邊作法請參考P42。

❾

袖口布的正面朝上,離縫合線邊0.2cm車縫壓線一圈,另一邊的袖口也是相同方法。

8 衣襬車縫

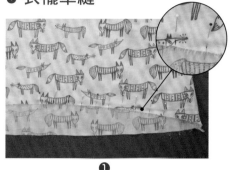

❶

在前片衣襬正面，依紙型標示車褶位置。

❷

白珠針往紅珠針摺（往中心方向），用強力夾固定，摺疊時留意衣襬平整。

❸

縫份0.7車縫固定褶。

❹

另一半邊也是相同方法。

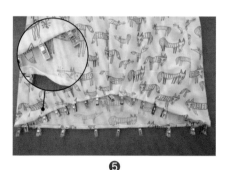

❺

衣襬往內摺0.7cm，再摺0.7cm一褶，強力夾固定，整燙。

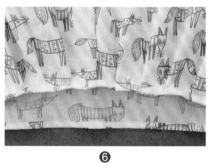

❻

背面朝上，離褶邊0.1cm車縫一圈，完成。

袖口綁結上衣

P.74 ・ 實物大型紙 CD 面 ・ M、L size

學習重點

1.袖子左右對稱裁剪。 2.領口貼邊布固定方法。 3.領口千鳥縫針法。

4.弧度接合車縫。 5.袖口綁結車縫。

－適合布料材質－

薄棉（麻）布

■版型裁布圖

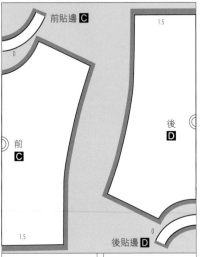

裁剪之後，重新摺疊布料。

■用布量

表布	5.5尺

（110公分幅寬，無圖案方向性）

★本作品可隨需求調整：前後衣襬褶數減少。

★紙型未標示裁布外加縫份處皆需外加1公分，對摺線處則不外加。

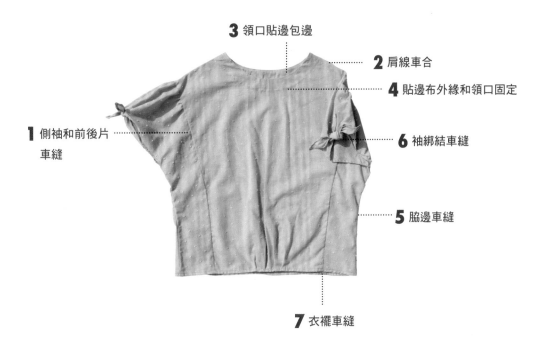

3 領口貼邊包邊

2 肩線車合

4 貼邊布外緣和領口固定

1 側袖和前後片車縫

6 袖綁結車縫

5 脇邊車縫

7 衣襬車縫

從前片和後片的中心線平行外加或內減做1公分以內的微幅調整，領口貼邊布中心線也要隨著增減。

1 側袖和前後片車縫

❶

側袖依紙型標示拉皺摺位置。

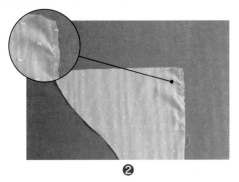

❷

車拉皺褶車線，本作品因拉皺距離短，所以只車縫一道車線。
＊拉皺褶方法請參考P39。

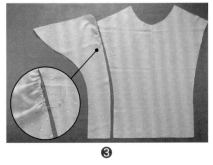

❸

上衣前片也依紙型標示出和側袖的合印點。

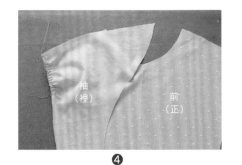

袖（裡）　前（正）

❹

側袖和前片正面對正面。

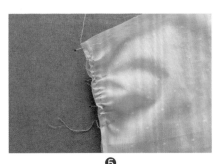

❺

兩者合印點對齊，調整皺褶，離肩線處1.5cm不要有皺褶，珠針固定。

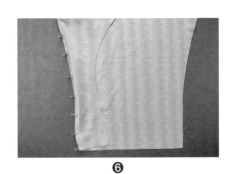

❻

強力夾固定至衣襬。

143

❼

車縫，前左側袖和前片也是相同方法，完成前片和兩邊側袖的車縫工作。

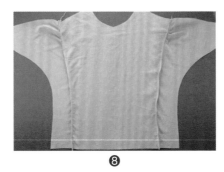

❽

車布邊。

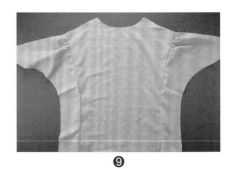

❾

後片和另外兩片側袖也是相同方法。

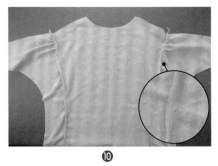

❿

車布邊。

2 肩線車合

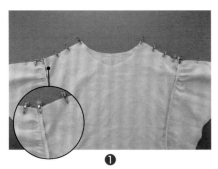

❶

依紙型在四片側袖上標示綁結上止點，後片正面朝上，前後片正面對正面，強力夾固定兩者肩線至止點，上衣和側袖的縫份倒向上衣。

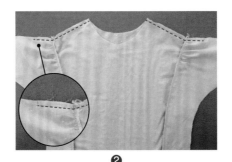

❷

車縫肩線至止點。

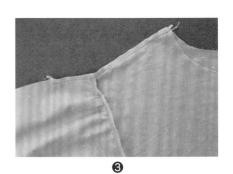

❸

車布邊。

3 領口貼邊包邊

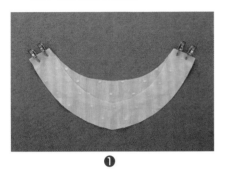

❶

依紙型外加縫份裁剪前後領口貼邊布。前後領口貼邊布正面對正面，肩線對齊，強力夾固定。

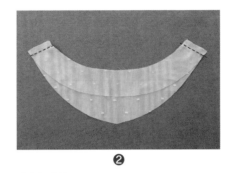

❷

車縫肩線。

❸

車布邊。

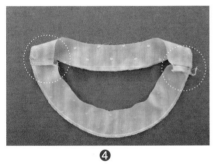

❹

貼邊布組外緣車布邊，肩線縫份倒向前貼邊。

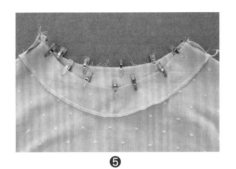

❺

上衣領口和貼邊布組正面對正面，兩者肩線車縫線對齊並且縫份錯開（上衣肩線縫份倒向後，貼邊布組肩線縫份倒向前），強力夾或珠針固定一圈。

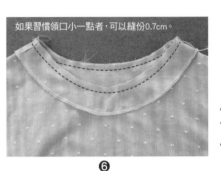

如果習慣領口小一點者，可以縫份0.7cm。

❻

縫份1cm車縫領口一圈。

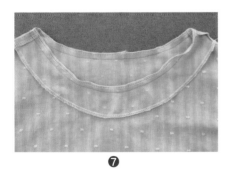

❼

領口車布邊一圈（也可以不車布邊），在弧處剪牙口。

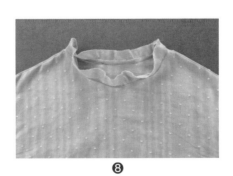

❽

領口縫份倒向貼邊布組，在貼邊布正面，離縫合線0.2cm車縫壓線在貼邊布一圈（上衣正面看不到壓線喔）。

4 貼邊布外緣和領口固定

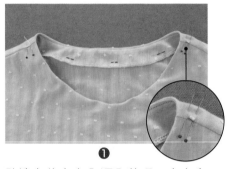

❶

貼邊布往上衣內順入整理，上衣和
貼邊布組的兩者肩線車縫線對齊，
珠針固定，肩線處一起車縫1cm。
後領口和後貼邊布順好，平均三等
份，車縫三個點。

＊領口貼邊固定方法請參考P46。

❷

前貼邊布外緣則以千鳥縫針法和前
領口固定。

＊千鳥縫方法請參考P47。

5 脇邊車縫

❶

依紙型在四片側袖下標示綁結下止
點，強力夾固定前後脇邊（綁結下
止點至衣襬）。

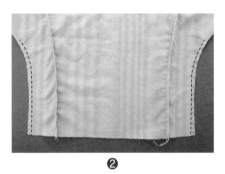

❷

車縫兩邊脇邊。

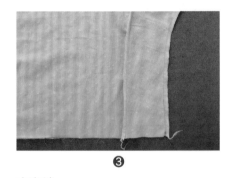

❸

車布邊。

6 袖綁結車縫

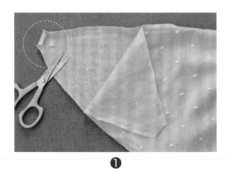

❶

袖前端剪去邊長1cm的正三角布
片，再往內摺0.7cm。

❷

袖的上側（前端和綁結上止點之
間，圖中兩強力夾間）摺0.7cm，
再摺0.7cm一褶，強力夾固定。

❸

開叉點可能無法摺0.7cm，也可能摺
0.5cm，在兩個強力夾間調整，這裡
的處理比較困難，以順為原則。

❹

順著兩端強力夾，中間摺出順暢的收邊。

❺

也可以用整燙方法，有助於車縫工作。

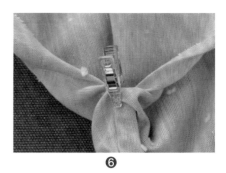

❻

綁結下止點至前端也是相同方法。

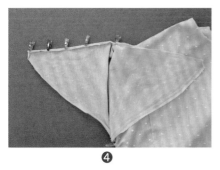

❼

袖前端收尾呈尖形，這裡也是不好處理，縫製時，前端可能會造成縫紉機咬線，需要留意，建議可以使用錐子推布或固定布。

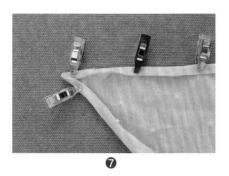

❽

本作品袖口綁結製作建議用迷你強力夾，完全發揮迷你強力夾的優點，小而強，可以密集夾，又不影響手的作業。

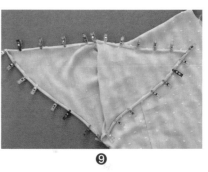

❾

可以袖上下全部一起整理固定後再車縫，當然也可以整理一邊先車縫的分批模式。

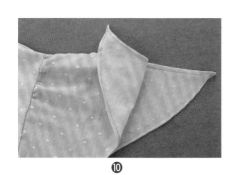

❿

袖背面朝上，離褶邊0.2cm車縫。

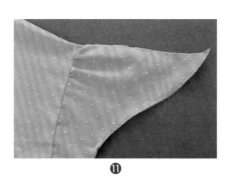

⓫

正面樣。

7 衣襬車縫

❶

前片正面衣襬依紙型標示車褶位置。

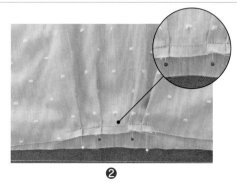

❷

往中心摺，左右各兩褶，珠針固定，衣襬摺疊留意平整，縫份0.7cm車縫固定褶。

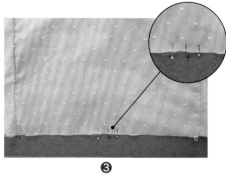

❸

後片正面衣襬依紙型標示車褶位置。

❹

往中心摺，珠針固定，摺疊時留意衣襬平整，縫份0.7cm車縫固定褶。

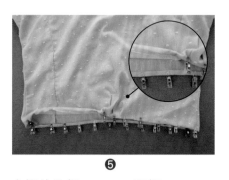

❺

衣襬往內摺0.7cm，再摺0.7cm一褶，上衣和側袖的縫份倒向上衣，強力夾固定，整燙。

❻

上衣裡面朝上，離褶邊0.1cm車縫一圈，完成。

❼

綁上袖結，完成。

Item 10

船型領七分袖側綁帶上衣

P.76 · 實物大型紙 D 面 · M、L size

學習重點

1.領口三摺包邊。 2.領口三角襠布縫製。 3.衣襬局部鬆緊帶。
4.綁帶製作。 5.內縮型袖口的縫份需外擴剪裁。

－適合布料材質－

薄棉（麻）布

■版型裁布圖

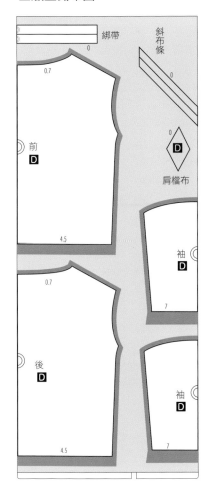

■用布量

表布	4尺

（150公分幅寬，無圖案方向性）

■無版型用布尺寸（已含0.7cm縫份）

前後領口斜布條	37×2.5cm	兩條（M）
	39×2.5cm	兩條（L）
綁帶	65×4cm ↕	兩條

■其他材料

鬆緊帶	1cm寬×30cm	一條

★本作品可隨需求調整：綁帶和鬆緊帶長度，上衣長度。

★裁剪注意事項：袖口內縮型，袖口縫份需外擴，剪裁方法請參考P38。
★紙型未標示裁布外加縫份處皆需外加1公分，對摺線處和無版型用布則不外加。

簡易
改版型

從前片和後片的中心線平行外加或內減做0.7公分以內的微幅調整，記得領口斜布條長度也要跟著增減。

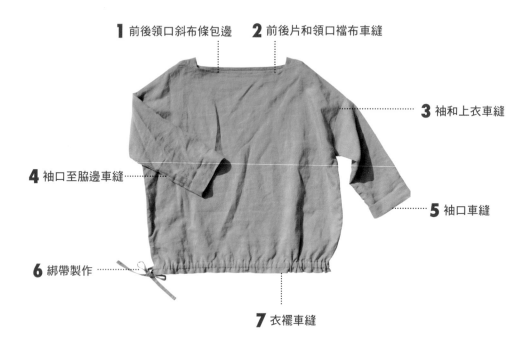

1 前後領口斜布條包邊　　　2 前後片和領口檔布車縫

3 袖和上衣車縫

4 袖口至脇邊車縫

5 袖口車縫

6 綁帶製作

7 衣襬車縫

1 前後領口斜布條包邊

❶

備斜布條。

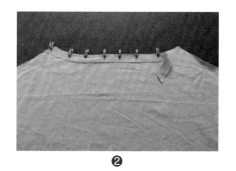

❷

斜布條和前片正面對正面，布條起始斜邊和肩線對齊，強力夾固定兩者。

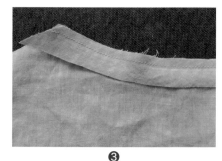

❸

縫份0.7cm車縫領口。

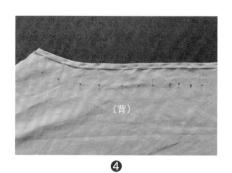

❹

整理縫份，整燙，斜布條往裡摺至前一步驟縫線處，然後斜布條和縫份皆往裡摺，珠針固定。

*三摺包邊方法請參考P41。

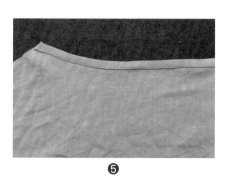

（背）

❺

上衣背面朝上，離斜布條摺邊0.1cm車縫壓線，後片領口也是相同方法。

2 前後片和領口襠布車縫

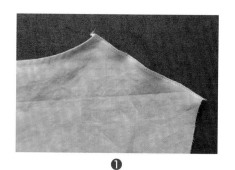

❶

前後片的肩線各自車布邊。

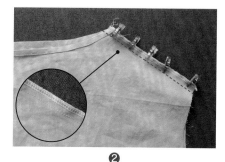

❷

前後片正面對正面，強力夾固定兩者肩線，車縫肩線，另一邊肩線也是相同方法。

❸

依紙型裁剪兩片領口襠布。

❹

襠布對摺。

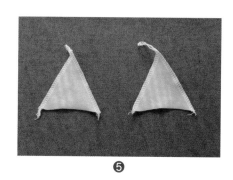

❺

兩斜邊車布邊。

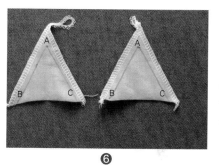

❻

離側邊1cm，離尖端2cm（A點），畫三角記號線。

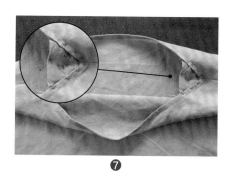

❼

襠布記號線和領口邊對齊，肩線縫份撥開，A點和肩線點重疊一致，珠針固定。

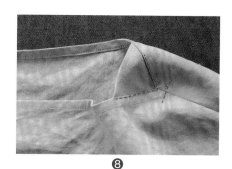

❽

離領口摺邊0.1cm車縫壓線（BA，CA），再離A點往袖口方向1cm，壓線加強固定襠布。

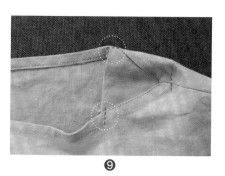

❾

B、C兩點處也車縫1cm固定襠布。相同方法完成另一片襠布和領口的車合工作。

3 袖和上衣車縫

❶

本作品袖襱無分前後，對摺直接找出中心點作為袖山，上衣和袖子正面對正面，袖山和肩線對齊，珠針固定，強力夾固定袖襱。

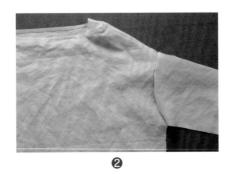

❷

車縫袖襱。

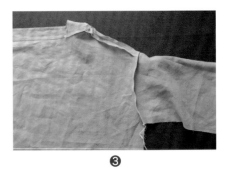

❸

袖襱車布邊。

4 袖口至脇邊車縫

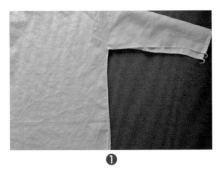

❶

袖口至衣襱車布邊，共有四邊。

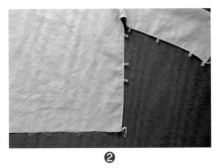

❷

前後片正面對正面，從袖口至衣襱用強力夾固定，任選一脇邊（A側）13cm不車。

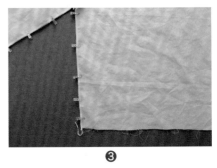

❸

另一邊（B側）也是前後片正面對正面，從袖口至衣襱用強力夾固定。

❹

A側13cm不車，其餘車縫。
B側則全部車縫。

❺

A側13cm不車處，往內折1cm，離摺邊0.7cm車縫ㄇ字型。

5 袖口車縫

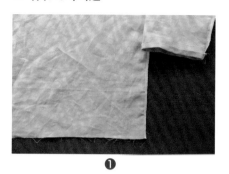

❶

袖口先往內摺1cm。

❷

再摺6cm，珠針固定，本作品袖口是內縮型的，裁剪時縫份處需外擴，此時往上摺的縫份圍才會和袖吻合。

＊珠針固定袖口方法請參考P48。

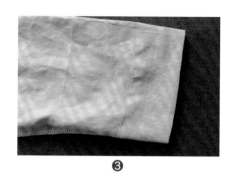

❸

離摺邊0.1cm車縫壓線。

6 綁帶製作

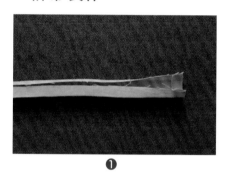

❶

綁帶布條一短邊（A端）往裡摺1cm，長邊往中心摺再對摺（短邊四等份摺），整燙。

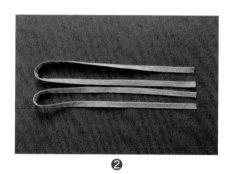

❷

兩長邊和A端皆離邊0.1cm車縫壓線。

7 衣襬車縫

❶

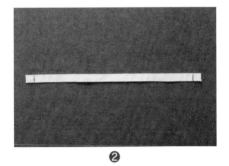

❷

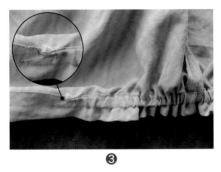

❸

衣襬往內摺1cm，再摺3.5cm一褶，整燙，車縫兩道車線。

第一道：離摺邊0.2cm車縫一圈，但唯離B側左右各20cm，標示兩個1.5cm的鬆緊帶穿入口不車。

第二道：離下緣摺邊1.5cm車縫一圈。

準備一條1cm寬鬆緊帶30cm長，兩端皆往內標註1.5cm的記號止線。

使用穿繩工具穿入鬆緊帶，鬆緊帶跨過B側至另一穿入口，兩端的記號止線在穿入口處（可以用鑷子協助），珠針固定鬆緊帶和上衣。

＊詳細作法請參考P117。

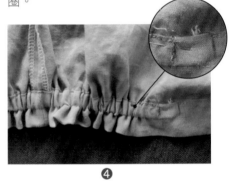

❹

❺

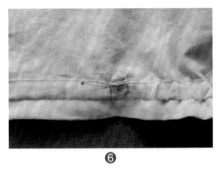

❻

車縫固定鬆緊帶，兩端都是相同方法。

穿繩工具夾住綁帶的A端，從穿入口進，脇邊A側口出。

在穿入口處，珠針固定綁帶和上衣。

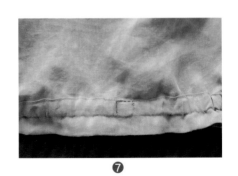

❼

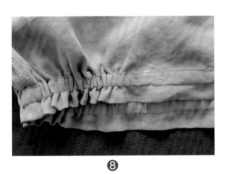

❽

❾

車縫L固定綁帶及縫合穿入口。

另一條綁帶也是相同方法，從另一穿入口進，脇邊A側另一口出。

繫上綁帶，完成。

文青風吊帶寬褲

P.78 · 實物大型紙 ACD 面 · free size

學習重點

1.口袋製作。 2.胸襠製作。 3.褲頭製作。 4.後綁帶製作。 5.釦眼製作。

－適合布料材質－

棉麻布、亞麻布

■版型裁布圖

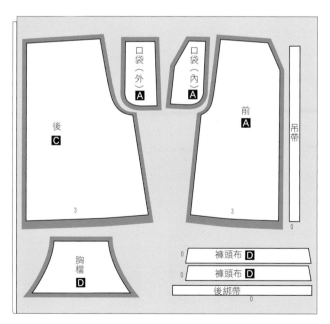

■用布量

表布	8尺

（110公分幅寬，無圖案方向性）

■無版型用布尺寸（已含縫份）

吊帶	5.5×75 cm ↕	兩片
後綁帶	55×4.5 cm ↕	兩片

■其他材料

釦子	直徑1cm	兩顆

★本作品可隨需求調整：綁帶長度、吊帶長度與寬度、褲長。

★紙型未標示裁布外加縫份處皆需外加1公分，無版型用布則不外加。

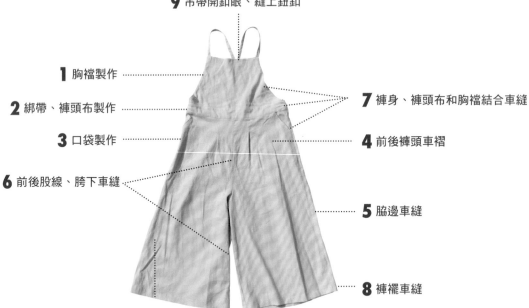

9 吊帶開釦眼、縫上鈕釦

可以從前後褲頭的褶深度或褶數調整，記得前後褲頭布也要跟著增減。

1 胸襠製作

2 綁帶、褲頭布製作

3 口袋製作

6 前後股線、胯下車縫

7 褲身、褲頭布和胸襠結合車縫

4 前後褲頭車褶

5 脇邊車縫

8 褲襬車縫

1 胸襠製作

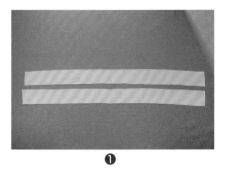

❶

裁剪兩片吊帶布。

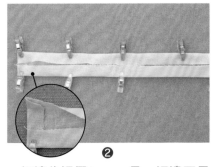

❷

一短邊往裡摺1cm，另一短邊不用（A端），兩長邊往中心摺。

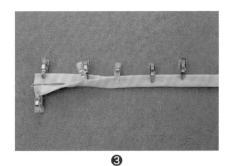

❸

兩長邊再靠攏，強力夾固定。

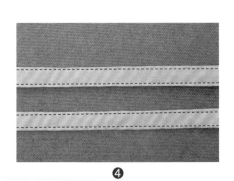

❹

兩長邊和一短邊離邊0.1cm車縫壓線，完成兩條吊帶。

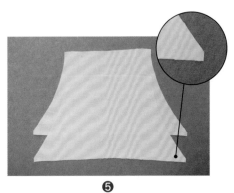

❺

依紙型外加指定縫份裁剪胸襠布兩片。

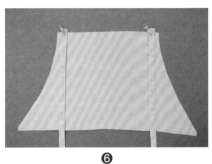

❻

取一片胸襠布，正面朝上，放上兩條吊帶，A端離襠布側邊1cm，並且比胸襠多出0.7cm，這樣吊帶更牢固。

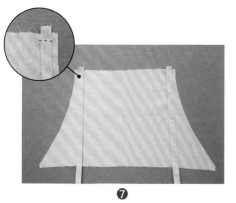

❼

離胸襠布0.7cm車縫固定。

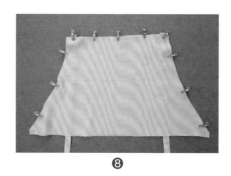

❽

蓋上另一塊襠布，正面對正面，強力夾固定三邊。

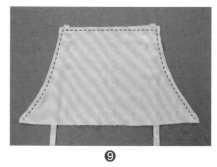

❾

車縫，但離襠布的底部兩端點1cm和下緣不車。

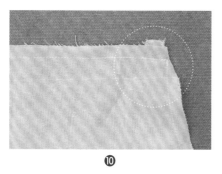

❿

剪去角。

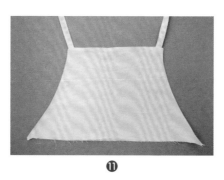

⓫

翻至正面，整燙，離邊0.2cm車縫壓線三邊。

On right margin vertical text: step by step

2 綁帶、褲頭布製作

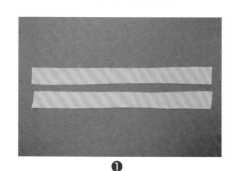

❶

裁剪兩片綁帶布，參考吊帶製作方法，完成兩條綁帶。

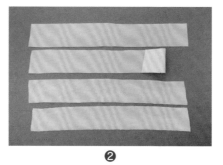

❷

依紙型裁剪四片褲頭布，任選兩片背面燙上洋裁襯（可視布料厚度，不燙襯也可以）當做外褲頭布。

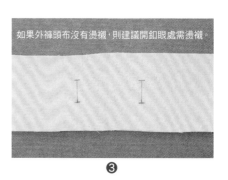

❸

取一片有襯的外褲頭布，在褲頭布正面依紙型標示開釦眼的位置。

如果外褲頭布沒有燙襯，則建議開釦眼處需燙襯。

＊開釦眼方法請參考P26。

step by step

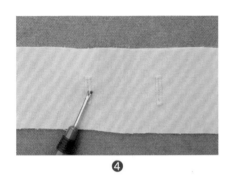

❹

用拆線刀劃開釦眼。

＊劃開釦眼方法請參考P48。

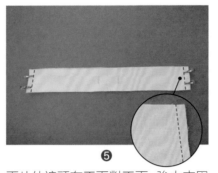

❺

兩片外褲頭布正面對正面，強力夾固定兩側邊，縫份1cm車縫側邊。

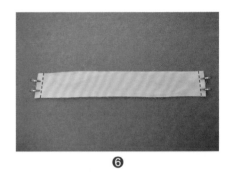

❻

另外兩片褲頭布也是相同方法。

3 口袋製作

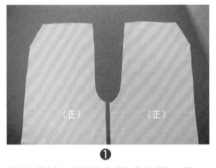

❶

兩片前褲正面朝上擺成相對，袋口斜邊朝外。

＊縫製前，褲身擺法請參考P39。

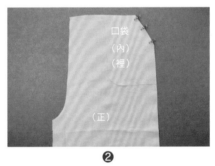

❷

口袋（內）和前褲正面對正面，強力夾固定袋口斜邊。

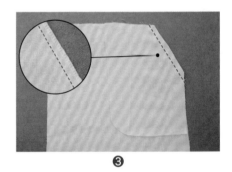

❸

車縫袋口斜邊，並車布邊。

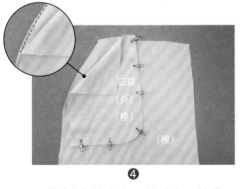

❹

口袋（內）往內翻至褲身內，整燙，袋口斜邊車縫壓線0.5cm。在前褲背面，口袋（外）和口袋（內）正面對正面，強力夾固定L曲線。

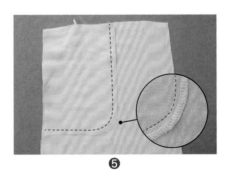

❺

車縫L曲線，並車布邊。

❻

口袋上緣和褲頭重疊處，還有側邊重疊處，皆以強力夾固定，縫份0.7cm車縫固定，另一前片口袋也是相同方法。

4 前後褲頭車褶

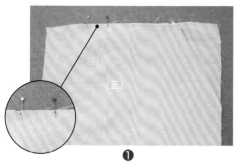

❶

依紙型在前褲頭正面標示車褶位置。

❷

白珠針往紅珠針摺,從褲頭往下8cm用強力夾和珠針固定,摺疊時留意褲頭平整。

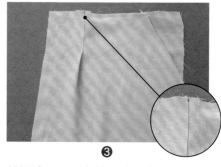

❸

離褶邊0.1cm車縫壓線固定褶。

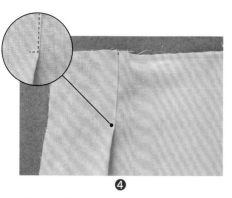

❹

橫向車縫0.5cm,除了加強作用外,也防止褶外翻,另一前片也是相同方法。

❺

兩片後褲正面朝上擺成相對,後股線朝內。

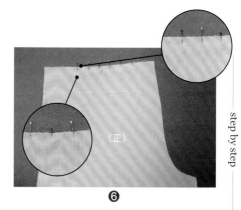

❻

依紙型在後褲頭正面標示車褶位置。

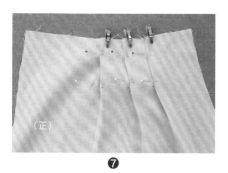

❼

共有三褶,從褲頭往下8cm用強力夾和珠針固定,褲頭摺疊留意平整。

❽

離褶邊0.1cm車縫壓線固定,也橫向車縫0.5cm。

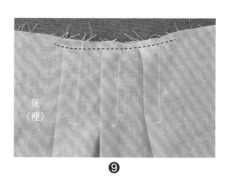

❾

前後褲的車褶,皆離褲頭0.7cm車縫固定褶的倒向,後褲背面樣。

5 脇邊車縫

❶

前後褲片正面對正面，強力夾固定前後脇邊。

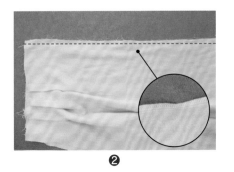

❷

車縫脇邊，車布邊，另一組前後片也是相同方法。

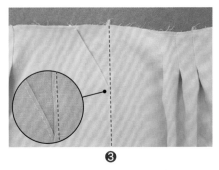

❸

正面朝上，褲身攤開，脇邊縫份倒向後片，整燙，在後片正面，離車縫線0.5cm壓線，另一組也是相同方法。

6 前後股線、胯下車縫

❶

兩組褲身攤開，正面對正面，前後股線分別強力夾固定。

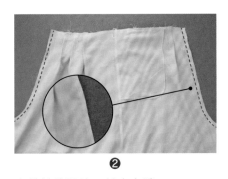

❷

車縫前後股線，並車布邊。

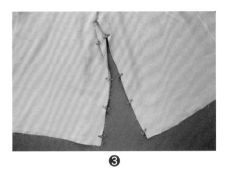

❸

車縫後的前後股線調整至中間，強力夾固定前後胯下，前後股線縫份錯開。

❹

車縫。

❺

車布邊。

7 褲身、褲頭布和胸襠結合車縫

❶

褲身正面,外褲頭布的下緣和褲身正面對正面,開釦眼的褲頭布和後褲同一面,兩者的側邊車縫線對齊,縫份錯開,強力夾固定一圈。

❷

縫份1cm車縫一圈。

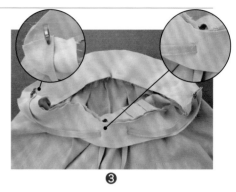

❸

在後褲頭布背面,兩條綁帶的A端放在兩褲頭布側邊中間位置,另一端穿入釦眼至正面。

❹

縫份1cm車縫固定綁帶。

❺

調整綁帶有無翻轉。

❻

胸襠下緣標示中心點,和前褲頭布上緣中心點對齊,正面對正面,強力夾固定兩者。

❼

縫份0.7cm車縫。

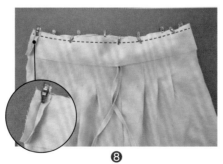

❽

內褲頭布上緣(短邊)和前一步驟完成的外褲頭布正面對正面(胸襠夾在中間),兩者側邊車縫線對齊,縫份撥開,強力夾固定一圈,縫份1cm車縫一圈。

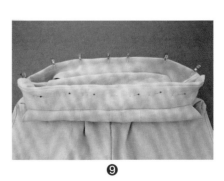

❾

整理縫份,內褲頭布往裡順入,整燙內外褲頭布上緣。

⑩

在褲身正面，胸襠布往外攤平，離外褲頭布上緣邊0.2cm，內外褲頭一起車縫壓線一圈。

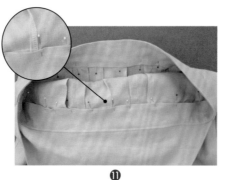

⑪

外褲頭布下緣和褲身車縫的縫份往褲頭布倒，內褲頭布下緣往內摺1cm，至超過（蓋過）褲身和外褲頭布結合的車縫線0.2cm，整燙，用珠針從褲身裡面固定一圈。

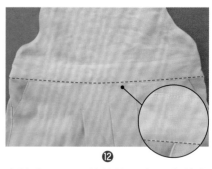

⑫

在褲身正面，離外褲頭布下緣縫合處0.2cm，車縫壓線一圈。

＊四摺包邊方法請參考P42。

8 褲襬車縫

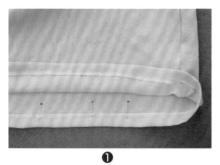

❶

褲襬車布邊，往內摺3cm，珠針固定，整燙。如果用布偏硬厚，為了降低褲襬角縫份的厚度，可剪去0.5×5cm的小布片。

＊減少褲角厚度方法請參考P51。

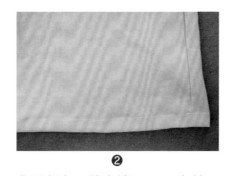

❷

背面朝上，離布邊0.7cm車縫一圈，正面樣。

9 吊帶開鈕眼、縫上鈕釦

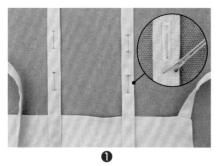

❶

建議可以先試穿，找出個人適合的吊帶長度來決定1或2個鈕眼位置，開完鈕眼，拆線刀劃開鈕眼。

＊開鈕眼與劃開鈕眼的方法請參考P26，P48。

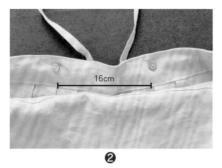

❷

在後褲頭布的背面，離中心左右8cm，距上緣2.5cm，縫上兩個鈕釦，當然鈕釦的距離也可以隨個人調整。

❸

繫上後綁帶，完成。

可拆卸吊帶 交叉褶後鬆緊寬褲

P.80· 實物大型紙 CD 面 · free size

學習重點

1.外口袋製作。 2.褲頭製作。 3.吊帶製作。

－適合布料材質－

牛仔布、棉麻布、亞麻布

■版型裁布圖

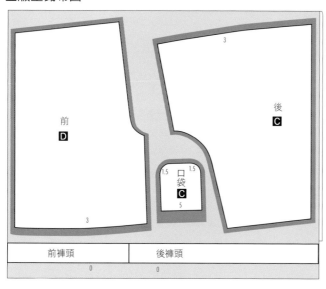

前
D

後
C

3

口袋
C

1.5   1.5

5

前褲頭	後褲頭
0	0

★紙型未標示裁布外加縫份處皆需外加1公分，無版型用布則不外加。

■用布量

表布　　6.5尺

（110公分幅寬，無圖案方向性）

■無版型用布尺寸（已含1cm縫份）

前褲頭布 42×10 cm ↕　　一片

（建議需要縫製時再裁剪）

後褲頭布 68×10 cm ↕　　一片

（建議需要縫製時再裁剪）

■其他材料

鬆緊帶　2.5cm寬×36cm　一條

（視個人需求調整）

■製作吊帶所需材料

織帶	A:2cm寬×38cm	兩條
	B:2cm寬×78cm	兩條
皮片	A:2cm寬×3cm	兩片
	B:1cm寬×8cm	兩片
蟑螂夾		四只
帶頭	2cm寬	兩只
鉚釘	8×8mm	八組
鉚釘	5×5mm	兩組
雞眼釦	10mm	十組

★本作品可隨需求調整：吊帶長度、不製作吊帶、褲長、鬆緊帶長度。

簡易改版型

可以從褲前片的褶深度或褶數調整，記得褲頭（前）布也要跟著增減。

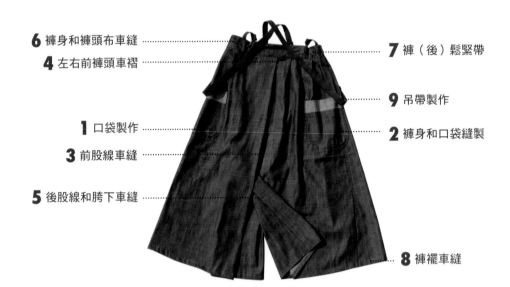

6 褲身和褲頭布車縫 ....
4 左右前褲頭車褶 ....

7 褲（後）鬆緊帶

9 吊帶製作

1 口袋製作 ....

2 褲身和口袋縫製

3 前股線車縫 ....

5 後股線和胯下車縫 ....

8 褲襬車縫

1 口袋製作

❶

依紙型外加指定縫份裁剪兩片口袋布，U型邊（除上緣袋口外）車布邊。

（正）

❷

袋口往正面摺1cm再摺4cm。

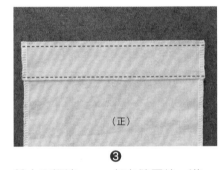

（正）

❸

離上下摺邊0.1cm各車縫壓線一道。

❹

用厚紙板製作一份不含縫份的口袋紙型，平針縫U型一圈，口袋背面朝上，放上厚紙板，拉動縫線調整吻合，整燙。∞

∞ 手縫針線離口袋布邊0.7cm，上下平針縫U型一圈，最後，線不打結，口袋背面朝上，放上口袋厚紙板，拉動縫線調整吻合，使用強力夾固定兩者的上緣，再連同紙板一起整燙，直到定型後，輕輕取出厚紙板，再加強整燙一次，備用；另一口袋也是相同作法。

2 褲身和口袋車縫

❶

四片前後褲身脇邊分別車布邊。

❷

褲身前後片各一片正面對正面,車縫脇邊。

＊縫製前,請參考P39褲裝縫製擺法。

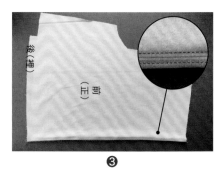

❸

脇邊縫份撥開,在正面,褲身脇邊車縫處的左右兩邊縫份0.3cm各壓線一道。

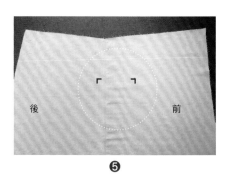

❺

在褲身正面,依紙型標示口袋在脇邊的位置(跨脇邊偏前褲)。

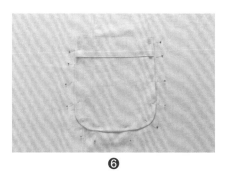

❻

依標示位置放上口袋,珠針固定。

❼

車縫兩道固定口袋:第一道離口袋邊0.2cm,第二道離第一道車線0.5cm。

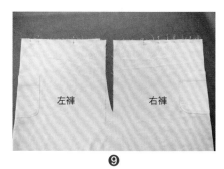

❾

口袋在褲身的完成樣,另一組褲身也是相同作法。

3 前股線車縫

❶

兩組褲身攤開，正面對正面，前股線強力夾固定。

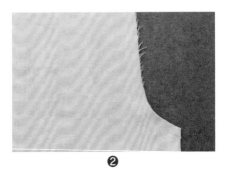

❷

車縫前股線。

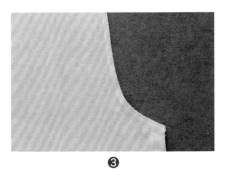

❸

車布邊。

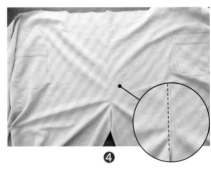

❹

在正面，前股線縫份倒向左邊，離縫合處0.5cm車縫壓線。

4 左右前褲頭車褶 左右前褲車褶位置不同，褲頭車摺記號説明以褲身正面朝製作者為相對位置。

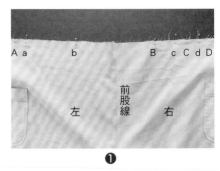

❶

左右前褲頭依紙型標示褶記號（小寫字母往大寫字母摺a～e共五組），摺疊時留意褲頭平整。

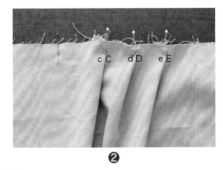

❷

右邊組

❸

左邊組

❹

中間交叉寬褶（b往B摺）。

❺

五組皆離布邊0.7cm車縫固定。

5 後股線和胯下車縫

❶

褲身攤開，正面對正面，兩後股線強力夾固定。

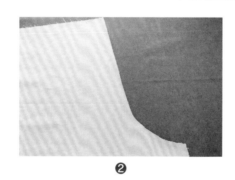

❷

車縫後股線。

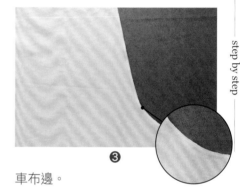

❸

車布邊。

❹

在正面，後股線縫份倒向左邊，離縫合處0.5cm車縫壓線。

❺

至背面，車縫後的前後股線調整至中間，強力夾固定前後褲胯下，前後股線縫份錯開。

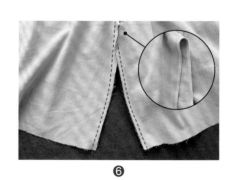

❻

車縫，車布邊。

6 褲身和褲頭布車縫

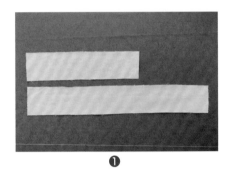

❶

裁剪前後褲頭布各一片（可再確認一次前後的褲頭長度）。

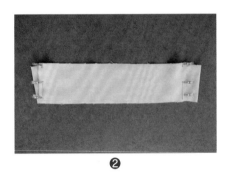

❷

兩片褲頭布正面對正面，兩端強力夾和珠針固定，在短邊，由上往下標示離布邊1cm，再離布邊5cm記號點。

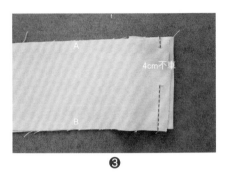

4cm不車

❸

縫份1cm車縫，先車1cm（A段）後，4cm不車，最後再車5cm（B段）；另一端也是相同方法。

❹

確認前後褲頭布，在褲身正面，褲頭布（B段長邊）和褲身正面對正面，褲頭布的兩端車縫線和褲脇邊車縫線對齊，兩者用強力夾固定一圈。

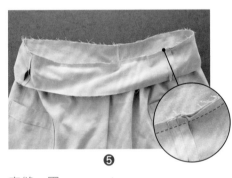

❺

車縫一圈。

❻

褲頭布A段長邊往內摺1cm，褲頭布和褲身車縫縫份往褲頭布倒，A段褲頭布再往褲身裡摺入至超過（蓋過）前一步驟車縫線0.2cm，整燙，褲身裡面用珠針固定一圈。

＊四摺包邊方法請參考P42。

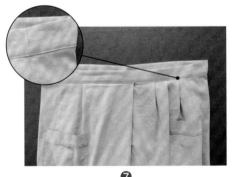

❼

褲身正面，在褲頭布上離褲頭布縫合處0.2cm，車縫壓線一圈。

7 褲（後）鬆緊帶

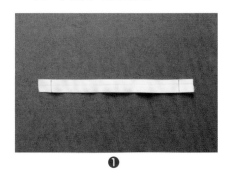

❶

備鬆緊帶，兩端畫出3cm記號線。

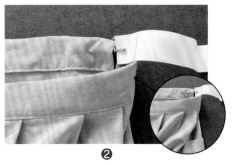

❷

使用穿繩工具將鬆緊帶穿入褲頭
（後）。

❸

鬆緊帶從另一端穿出，兩端皆用珠
針固定鬆緊帶（3cm記號線）和褲
頭布。

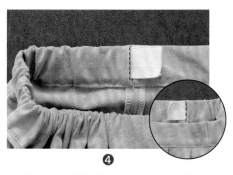

❹

車縫固定鬆緊帶，再用鑷子將兩
端的3cm鬆緊帶往褲頭（前）方向
置入，以藏針縫針法縫合兩個穿入
口。

8 褲襬車縫

❶

褲襬車布邊。

❷

往內摺3cm，強力夾固定，整燙。如
果用布偏厚，褲襬脇邊縫份可以剪去
0.5×5cm小布片。

＊減少褲襬厚度方法請參考P51。

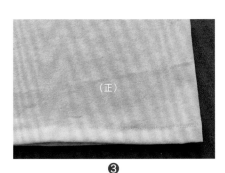

❸

背面朝上，離布邊0.7cm車縫一
圈，完成。

9 吊帶製作

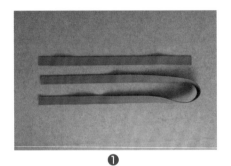

❶

織帶A和B各一條。

❷

離織帶A一端12cm標示開2cm釦眼起始位置。

❸

開釦眼。

＊開釦眼方法請參考P26。

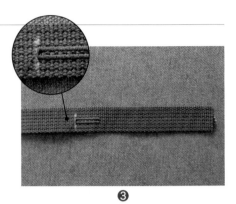

❹

拆線刀劃開釦眼，置入帶頭正面。

＊劃開釦眼方法請參考P48。

❺

皮片B一端摺1.5cm，打上鉚釘固定成環狀。

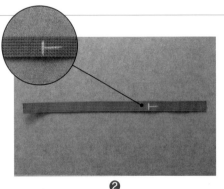

❻

皮片B套進織帶A。

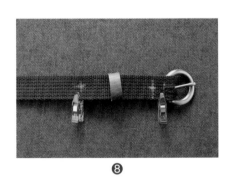

❼

如圖將織帶A釦眼後的織帶端反摺1.5cm，強力夾固定。

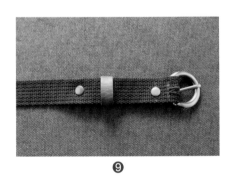

❽

標示打鉚釘位置。

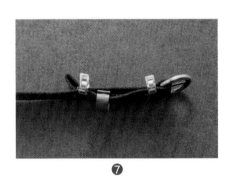

❾

打上鉚釘。

⑩

織帶A正面另一端離端點4cm置入蟑螂夾（留意織帶的正反面）。

⑪

端點反摺1.5cm，強力夾固定。

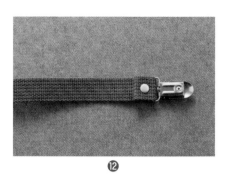

⑫

打上鉚釘固定蟑螂夾，背面樣。

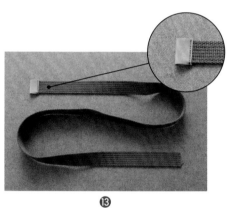

⑬

皮片A包住織帶B一端，車縫固定。

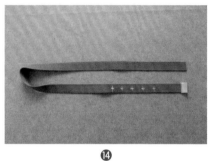

⑭

織帶B離皮端7.5cm每間隔2.5cm標示五組雞眼釦位置。

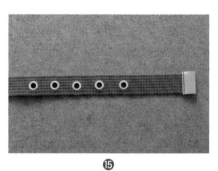

⑮

打上雞眼釦。

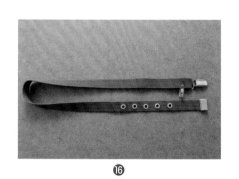

⑯

織帶B正面另一端離端點4cm置入蟑螂夾（留意織帶的正反面）。

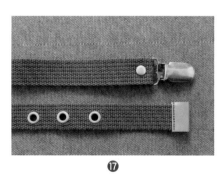

⑰

織帶反摺1.5cm，打上鉚釘固定蟑螂夾。

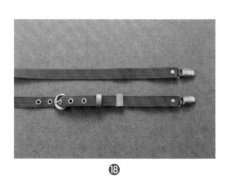

⑱

織帶B套進織帶A，完成一組吊帶，以相同方法完成另一組吊帶。

Item
13

短版寬褲裙

P.82 · 實物大型紙 AB 面 · free size

學習重點

1.內口袋製作。 2.褲頭製作。 3.腰帶環製作。 4.腰帶製作。

－適合布料材質－

棉（亞）麻布

■版型裁布圖

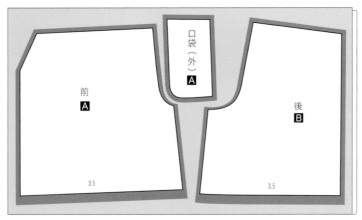

裁剪後，重新摺疊布料

★紙型未標示裁布外加縫份處皆需外加1公分，對摺線處和無版型用布則不外加。

■用布量

表布	6.5尺

（110公分幅寬，無圖案方向性）

■其他材料

鬆緊帶	3.5cm寬×73cm 一條

（視個人需求調整）

■無版型用布尺寸（已含1cm縫份）

前裙頭布 63×12 cm ↕ 一片

（建議需要縫製時再裁剪）

後裙頭布 54×12 cm ↕ 一片

（建議需要縫製時再裁剪）

腰帶　　92×12 cm ↕ 兩片

腰帶環布 37.5×5 cm↕ 一片

★本作品可隨需求調整：褲裙長度、不製作腰帶、腰帶環、鬆緊帶長度。

簡易
改版型

褲頭（前）布也要跟著增減。記得可以從褲前片的褶深度或褶數調整，

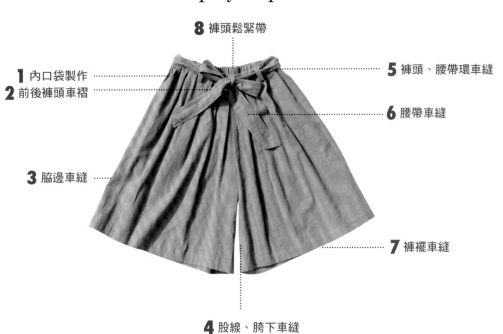

8 褲頭鬆緊帶

1 內口袋製作
2 前後褲頭車褶

3 脇邊車縫

5 褲頭、腰帶環車縫

6 腰帶車縫

7 褲襬車縫

4 股線、胯下車縫

1 內口袋製作

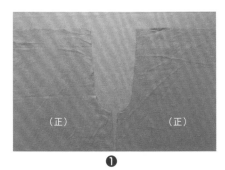

❶

兩片前褲正面朝上擺相對，袋口斜邊朝外。

＊縫製前，褲身擺法請參考P39。

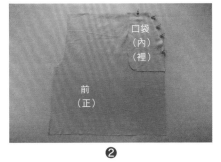

❷

口袋（內）和前褲正面對正面，強力夾固定袋口斜邊及上緣。

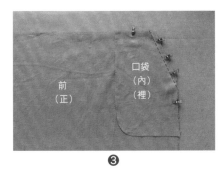

❸

車縫袋口。

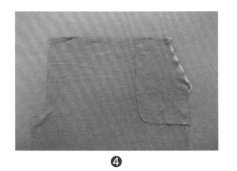

❹

車布邊。

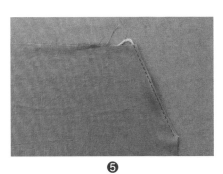

❺

口袋（內）往褲身裡面翻，整燙縫份，在褲正面，袋口斜邊車縫壓線0.5cm。

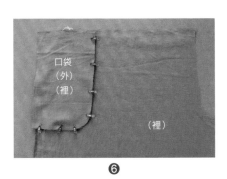

❻

在前褲裡面，口袋（外）正面朝下，和口袋（內）正面對正面，強力夾固定L曲線。

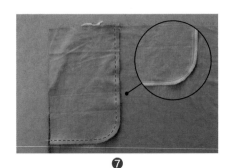

⑦

車縫L曲線，車布邊。

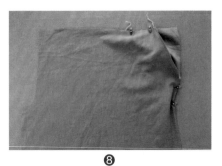

⑧

在正面，口袋上緣和褲頭重疊處，還有褲身側邊重疊處，皆以強力夾固定。

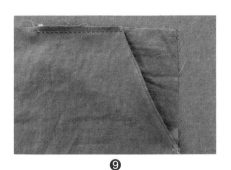

⑨

縫份0.7cm車縫固定。另一組口袋（內、外）和前褲也是相同方法。

2 前後褲頭車褶

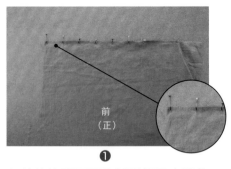

前
（正）

❶

在前片褲頭正面依紙型標示車褶位置。

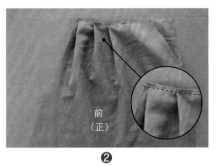

前
（正）

❷

白珠針往紅珠針摺，摺疊時留意褲頭平整，共三褶，縫份0.7cm車縫固定，另一前片也是相同方法。

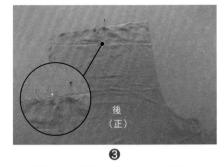

後
（正）

❸

在後褲頭正面依紙型標示車褶位置，記得先將兩片後片正面朝上擺成相對（脇邊朝外）。

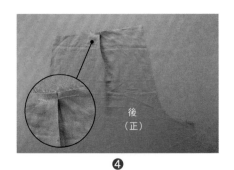

後
（正）

❹

白珠針往紅珠針摺，褲頭摺疊留意平整，縫份0.7cm車縫固定，另一後片也是相同方法。

3 脇邊車縫

❶

前後褲正面對正面，強力夾固定兩者脇邊，車縫脇邊。

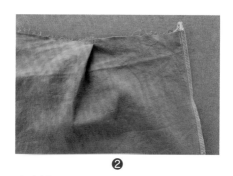

❷

車布邊。

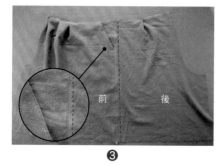

❸
前　　　後

正面朝上，前後褲身攤平，脇邊縫份倒向後褲，整燙，在後褲正面，離車縫線0.5cm壓線，另一組也是相同方法。

4 股線、胯下車縫

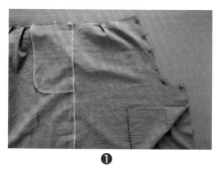

❶

兩組褲身攤開，正面對正面，後股線強力夾固定。

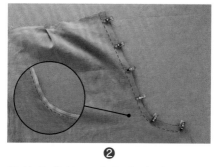

❷

股線是曲線，強力夾或珠針固定時，不要過度拉布，車縫後股線，車布邊。

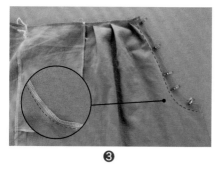

❸

相同方法強力夾固定兩者的前股線，車縫前股線，車布邊。

❹

車縫後的前後股線調整至中間，強力夾固定前後褲的胯下，前後股線的縫份錯開。

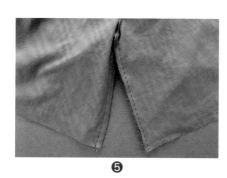

❺

車縫。

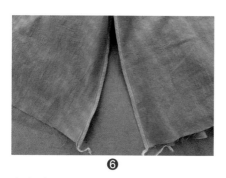

❻

車布邊。

5 褲頭、腰帶環車縫

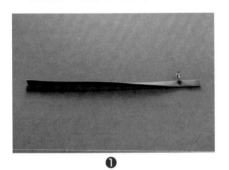

❶
腰帶環布短邊四等份摺，整燙。

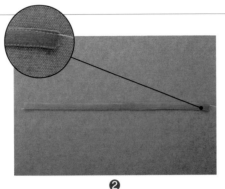

❷
兩長邊離邊0.2cm車縫壓線。

❸
裁剪成五段的腰帶環備用，每段7.5cm。

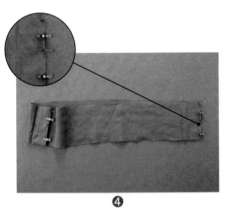

❹
前後褲頭布正面對正面，兩端強力夾和珠針固定，在短邊，由上往下標示離布邊1cm，再離布邊6cm記號點。

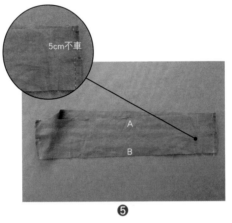

5cm不車

A

B

❺
縫份1cm車縫，先車1cm（A段）後，5cm不車，最後再車6cm（B段）；另一端也是相同方法。

❻
褲身正面依紙型標示腰帶環在前後褲頭的位置，強力夾固定環與褲頭。

❼
離布邊0.7cm，車縫固定。

B

A

❽
確認褲頭布的前後，褲身正面朝上，褲頭布（B段長邊）和褲身正面對正面，褲頭布的兩端車縫線和褲脇邊車縫線對齊，兩者用強力夾固定一圈。

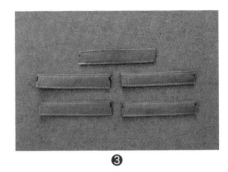

❾
車縫一圈。

⑩

褲頭布朝上攤開，整燙。

⑪

褲頭布（A段長邊）往內摺1cm，整燙，褲頭布和褲身車縫縫份朝褲頭布倒，A段褲頭布再往褲身裡摺入至超過（蓋過）前一步驟車縫線0.2cm。

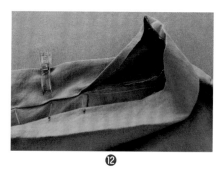

⑫

整燙後，可以先使用長型強力夾固定，褲身裡面再用珠針固定一圈。

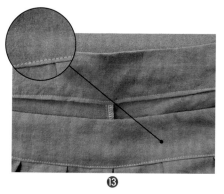

⑬

在褲身正面，留意腰帶環朝下倒，離褲頭布和褲身縫合處0.2cm，車縫壓線一圈在褲頭布上。

＊四摺包邊方法請參考P42。

⑭

五片腰帶環上緣車布邊。

⑮

環上緣往內摺1cm，強力夾固定褲頭和環。

⑯

離邊0.2cm，車縫固定。

⑰

褲頭正面上緣離邊0.2cm車縫壓線一圈。

step by step

6 腰帶車縫

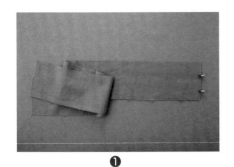

❶

兩片腰帶布正面對正面，強力夾固定兩片的一短邊。

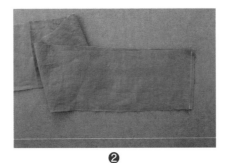

❷

縫份1cm車縫。

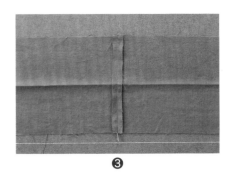

❸

縫份撥開。

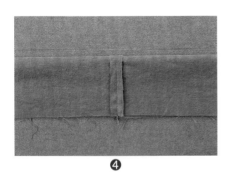

❹

上下長邊正面對正面對摺，縫線對齊，珠針固定。

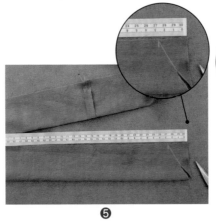

❺

兩端如圖中非對摺長邊往內修剪掉3cm，成斜角狀。

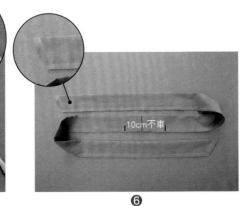

❻

縫份1cm車縫，在中間位置留返口10cm不車。

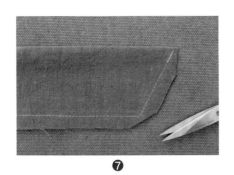

❼

剪去角。

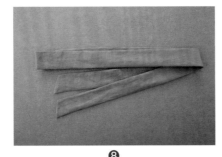

❽

翻至正面，整燙，返口用藏針縫縫合。

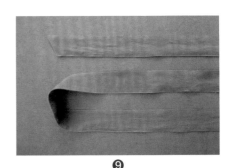

❾

離布邊0.2cm，車縫壓線一圈。

7 褲襬車縫

❶

褲襬往內摺0.5cm，再摺3cm一摺，珠針固定，整燙。

❷

為增加褲管角的柔軟度，降低厚度，將脇邊的縫份剪去0.5×6cm的小布片。

＊減少褲襬厚度方法請參考P51。

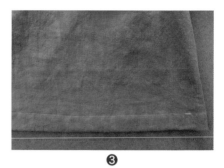

❸

褲裡面朝上，離褶邊0.1cm車縫一圈。

8 褲頭鬆緊帶

❶

使用穿繩工具穿入鬆緊帶一圈。

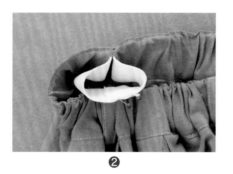

❷

確認鬆緊帶無翻滾，鬆緊帶頭尾重疊1.5cm，珠針固定。

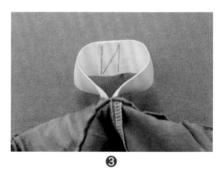

❸

車縫N字型。

❹

將鬆緊帶置入穿入口，兩個穿入口以藏針縫針法縫合，繫上腰帶，完成。

＊防鬆緊帶翻轉固定方法請參考P53。

菱形褲襠寬褲

P.84 · 實物大型紙 CD 面 · free size

學習重點

1.內口袋製作。 2.菱形褲襠製作。 3.褲頭製作。 4.褲管側邊鬆緊帶製作。

－適合布料材質－

薄亞麻布

■版型裁布圖

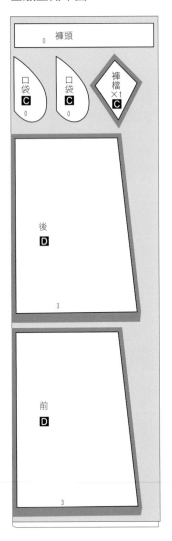

■用布量

表布	6.5尺

（110公分幅寬，無圖案方向性）

■無版型用布尺寸（已含1cm縫份）

褲頭布	62×10 cm ↕	兩片

（建議需要縫製時再裁剪）

■其他材料

褲頭鬆緊帶	3cm寬×73cm	一條
褲管鬆緊帶	1cm寬×30cm	兩條

★本作品可隨需求調整：褲長度、褲管不加鬆緊帶、鬆緊帶長度。

★剪裁時，褲管外擴，褲管縫份需內縮，裁剪方法請參考P37。
★紙型未標示裁布外加縫份處皆需外加1公分，無版型用布則不外加。

3 前後褲頭車褶

8 褲頭鬆緊帶

6 褲頭車縫

1 口袋製作

2 前後褲脇邊車縫

5 袋口壓線

4 褲前後中心、褲襠、胯下車縫

7 褲襬車縫

簡易改版型

從前後中心線平行外加或內減做 1 公分以內的微幅調整，記得褲頭布也要跟著增減。

1 口袋製作

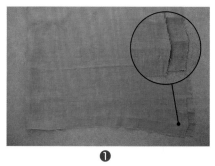

❶

依紙型外加指定縫份，裁剪褲片四片，本作品的褲襬屬於外擴型，褲襬縫份往內縮。

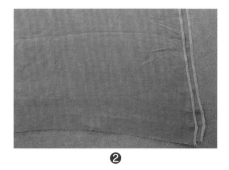

❷

褲片四片各自的兩側邊車布邊。

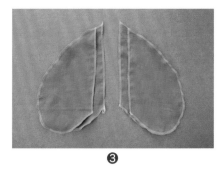

❸

口袋布四片各自車布邊。

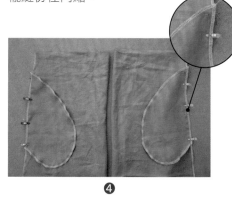

❹

口袋依紙型標示袋口記號點A、B，兩片褲正面朝上擺相對，斜邊朝外，依紙型標示袋口AB兩點，兩者正面對正面，袋口合印點對齊強力夾固定。

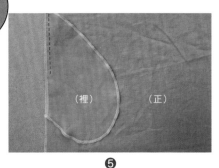

❺

車縫袋口A至B；另三片口袋和褲片也是相同方法（留意方向性）。

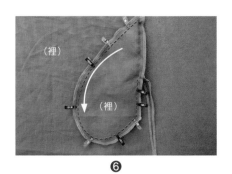

❻

兩片褲片（包含口袋布）正面對正面，強力夾固定口袋布外側一圈（A點逆時針至B點），車縫口袋外側；另一組兩片褲片也是相同方法。

2 前後褲脇邊車縫

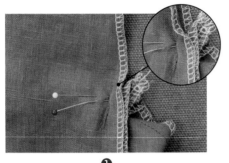

❶

兩片褲片正面對正面，口袋布往外拉，珠針固定兩口袋的A點（不要別到口袋布），可以用兩根珠針比較不易脫離；B點也是相同的固定方法。

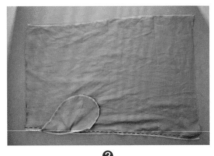

❷

分兩段車縫脇邊（略過口袋），先從褲頭車縫到A點，不要車到口袋，再從B點車縫至褲襬。

❸

用兩根珠針固定，結合點會更完美。完成褲片的脇邊車縫（A組），另一組也是相同方法完成脇邊車縫工作（B組）。

NG

結合脇邊時，很容易發生以下狀況：

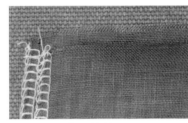

兩片褲身的袋口A點沒有吻合。解決方法：補足袋口的縫份。

！褲上緣無法一致。解決方法：如果落差在0.7cm內，應該還可以，但落差如大於0.7cm，建議拆掉，重新車縫。

3 前後褲頭車褶

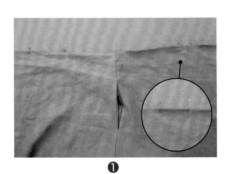

❶

褲身攤平，脇邊在中間，在褲頭正面，依紙型標示車褶位置。

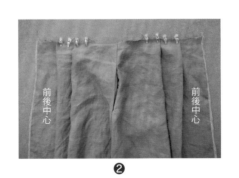

❷

每邊各兩褶，摺疊時留意褲頭平整，強力夾固定（圖中的摺位置離前後中心和紙型標示的略有不同，請依照紙型標示，但方法相同）。

❸

縫份0.7cm車縫固定，另一組也是相同方法。

4 褲前後中心、褲襠、胯下車縫

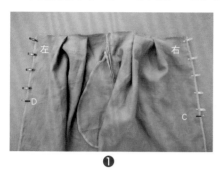

❶

完成的AB組褲完全攤開，脇邊口袋調整在中間，正面對面。

右側，離褲頭28cm依紙型標示前止點C。左側，離褲頭24cm依紙型標示後止點D。

❷

從褲頭兩片一起車縫至C點（做為前中心線）。從褲頭兩片一起車縫至D點（做為後中心線）。

❸

菱形褲襠四邊車布邊，在背面畫1cm縫份線。

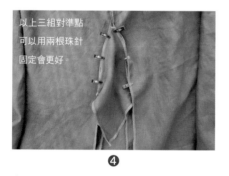

❹

在褲身背面，從前中心的C點開始，往褲管方向，在左右兩邊離C點13.5cm做記號點C1和C2，C點和褲襠的甲對準，C1和褲襠的乙對準，C2和褲襠的丙對準，用強力夾和珠針固定。

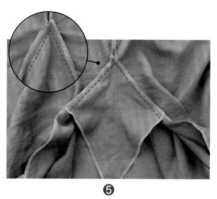

❺

依照褲襠上的縫份畫線車縫，建議可以分兩段車（C→C1，C→C2），但留意裁縫車回針需一致。

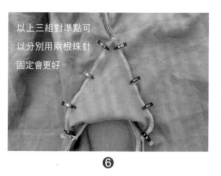

❻

相同方法，從後中心的D點開始，往褲管方向，在左右兩邊離D點17.5cm做記號點D1和D2（理論上C1和D1要對齊，C2和D2對齊），D點和褲襠的丁對準，D1和褲襠的乙對準，D2和褲襠的丙對準，用強力夾和珠針固定。

❼

依照褲襠上的縫份畫線車縫，建議可以分兩段車（D→D1，D→D2），但留意裁縫車回針需一致。

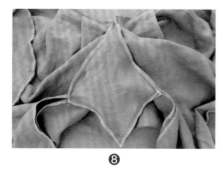

❽

完成菱形褲襠車縫。

❾

強力夾固定C1（或D1）至褲襬，C2（或D2）至褲襬，胯下車縫。

5 袋口壓線

確認前褲（C點的那一面），在前
褲的袋口處，縫份0.5cm壓線。

6 褲頭車縫

兩片褲頭布正面對正面，兩端強力
夾和珠針固定，在短邊，由上往下
標示離布邊1cm，再離布邊5cm記
號點。

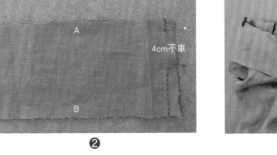

縫份1cm車縫，先車1cm（A段）
後，4cm不車，最後再車5cm（B
段）；另一端也是相同方法。

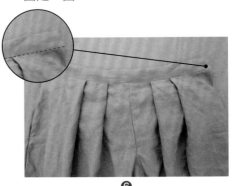

在褲身正面，褲頭布（B段長邊）和
褲身正面對正面，褲頭布的兩端車
縫線和褲脇邊車縫線對齊，強力夾
固定一圈。

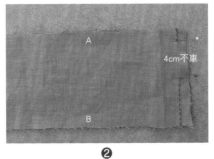

車縫一圈。

在正面，褲頭布朝上攤開，整燙，
褲頭布A段長邊往內摺1cm，褲頭布
和褲身車縫縫份朝褲頭布倒，A段
褲頭布再往褲身裡摺入至超過（蓋
過）前一步驟車縫線0.2cm，整
燙，褲身裡面用珠針固定一圈。

＊四摺包邊作法請參考P42。

褲身正面朝上，離褲頭布和褲身縫
合處0.2cm，車縫壓線一圈在褲頭
布上。

7 褲襬車縫

❶

兩邊褲襬車布邊。

❷

往內摺3cm，強力夾固定一圈，整燙。

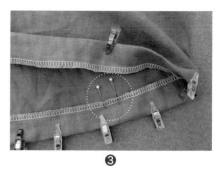
❸

在褲襬裡面，依紙型標示褲襬外側邊鬆緊帶的1.5cm穿入口，前後各一個（圖中白色珠針即為穿入口位置）。

❹

褲襬外側脇邊左右各有一個穿入口不車，其他的部分離布邊0.5cm車縫。

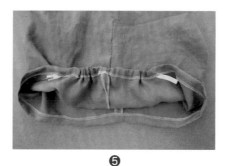
❺

鬆緊帶離兩端點1.5cm標記號線，使用穿繩工具穿入鬆緊帶。
＊鬆緊帶穿法請參考P117。

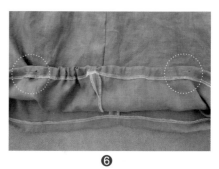
❻

使用鑷子將鬆緊帶端點送入管道，兩端記號線用珠針固定鬆緊帶和布。

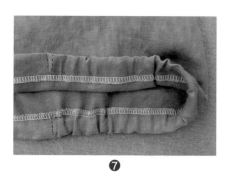
❼

兩個穿入口相同方法，車縫L固定鬆緊帶及穿入口。

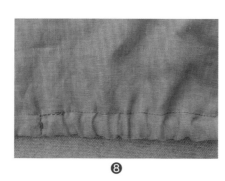
❽

正面樣，另一褲襬也是相同方法。

8 褲頭鬆緊帶

❶

用穿繩工具穿入褲頭鬆緊帶一圈。

❷

確認鬆緊帶無翻滾，鬆緊帶頭尾重疊1.5cm，珠針固定。

❸

車縫N字型。

❹

將鬆緊帶置入穿入口，兩個穿入口以藏針縫針法縫合。

＊防鬆緊帶翻轉固定方法請參考P53。

∞ 1.若使用亞麻布材質，褲管長度可以多裁剪2cm，因為容易有誤差。
2.車縫菱形褲襠建議使用珠針點對點固定。

Item

15 **16**

短褲／九分寬褲

P.86-89 · 實物大型紙 CD 面 · M、L size

學習重點

1.口袋製作。 2.褲頭車尖褶。 3.褲頭製作。 4.褲管反摺。

－適合布料材質－

牛仔布、棉麻布、亞麻布

■版型裁布圖

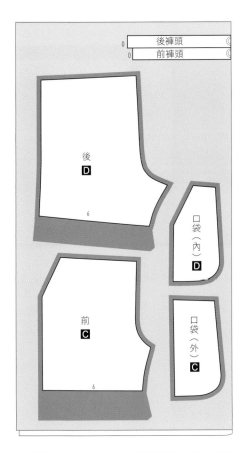

★裁剪時後褲管內縮，褲管縫份需外擴，剪裁方
法請參考P38。
★紙型未標示裁布外加縫份處皆需外加1公分，對
摺線處和無版型用布則不外加。

■用布量

短褲	4尺（布無圖案方向性）
長褲	7尺

（110公分幅寬，無圖案方向性）

■無版型用布尺寸（已含1cm縫份）

前褲頭布	49×10 cm↕	一片(M)
	51.5×10 cm↕	一片(L)

（建議需要縫製時再裁剪）

後褲頭布	50×10 cm↕	一片(M)
	52.5×10 cm↕	一片(L)

（建議需要縫製時再裁剪）

■其他材料

鬆緊帶　2.5cm寬×73cm　一條

★本作品可隨需求調整：褲長、鬆緊帶長度。

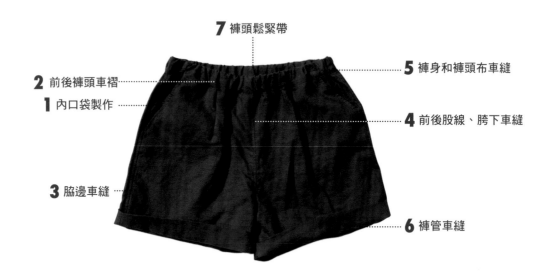

7 褲頭鬆緊帶

2 前後褲頭車褶

1 內口袋製作

5 褲身和褲頭布車縫

4 前後股線、胯下車縫

3 脇邊車縫

6 褲管車縫

簡易
改版型

可以從褲的褶深度調整，記得褲頭布也要跟著增減。

1.內口袋製作

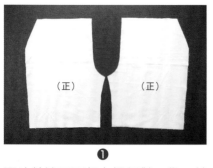

❶

兩片前褲正面朝上擺相對，袋口斜邊朝外。

＊縫製前，褲身擺法請參考P39。

❷

口袋（內）和前褲正面對正面，強力夾固定袋口斜邊。

❸

車縫斜邊，車布邊。

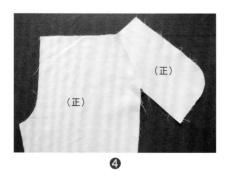

❹

口袋（內）翻至褲身裡面，整燙縫份。

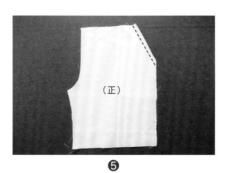

❺

袋口斜邊車縫壓線0.5cm。

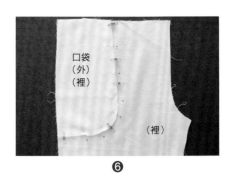

❻

在前褲裡面，口袋（外）正面朝下，和口袋（內）正面對正面，強力夾和珠針固定L曲線。

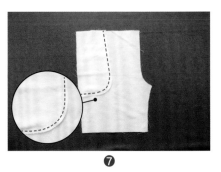

❼

車縫L曲線，並車布邊。

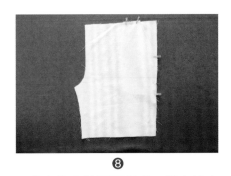

❽

口袋上緣和褲頭重疊處，還有褲身側邊重疊處，皆以強力夾固定。

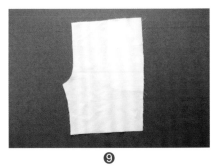

❾

兩處皆縫份0.7cm車縫固定，另一組口袋（內，外）和前褲也是相同方法。

2.前後褲頭車褶

❶

裁剪後褲，記得褲管縫份需要外擴。

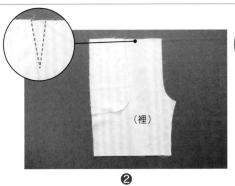

❷

在前褲背面依紙型標示褲頭車尖褶位置，畫出尖褶位置。

＊畫尖褶方法請參考P52。

❸

摺尖褶記號線重疊，依畫線車縫。

❹

前褲正面車尖褶樣，另一片前褲也是相同方法。

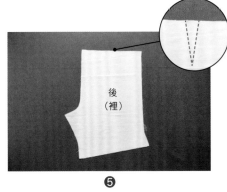

❺

在後褲背面依紙型標示褲頭車尖褶位置，畫出尖褶位置，記得先將兩片後褲正面朝上擺成相對。

❻

摺尖褶記號線重疊，依畫線車縫，另一片後褲也是相同方法。

3 脇邊車縫

❶

前褲正面朝上,和後褲正面對正面,強力夾固定前後脇邊。

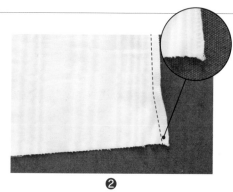

❷

車縫脇邊,並車布邊。

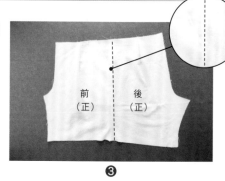

❸

正面朝上,褲身攤平,脇邊縫份倒向後片,整燙縫份,在後片正面,離車縫線0.5cm壓線,另一組前後褲也是相同方法。

4 前後股線、胯下車縫

❶

兩組褲身攤開,正面對正面,前後股線分別強力夾固定,車縫前後股線。

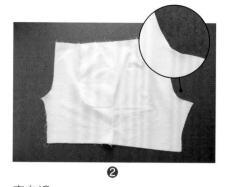

❷

車布邊。

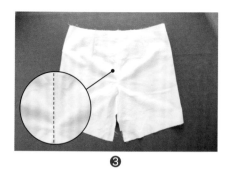

❸

在正面,後股線縫份倒向左邊,離縫合處0.5cm車縫壓線。

❹

相同方法在正面,前股線縫份倒向左邊,離縫合處0.5cm車縫壓線。

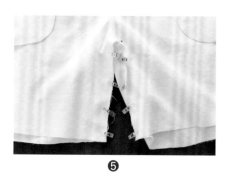

❺

在褲子裡面,前後股線調整至中間,強力夾固定前後胯下,前後股線縫份錯開。

❻

車縫胯下,車布邊。

5 褲身和褲頭布車縫

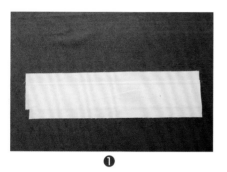

❶

依尺寸裁剪前後褲頭布各一片。

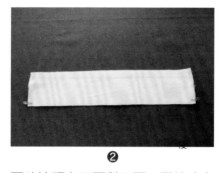

❷

兩片褲頭布正面對正面，兩端強力夾和珠針固定，在短邊，由上往下標示離布邊1cm，再離布邊5cm記號點。

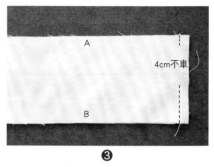

❸

縫份1cm車縫，先車1cm（A段）後，4cm不車，最後再車5cm（B段）；另一端也是相同方法。

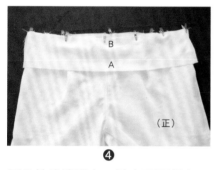

❹

區分前後褲頭布，褲身正面朝上，褲頭布（B段長邊）和褲身正面對正面，褲頭布的兩端車縫線和褲脇邊車縫線對齊，強力夾固定一圈。

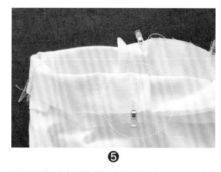

❺

褲頭的尖褶縫份皆往前後中心股線倒。

❻

車縫一圈。

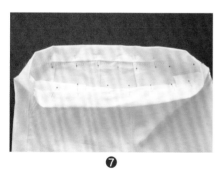

❼

褲頭布A段長邊往內摺1cm，褲頭布和褲身車縫縫份朝褲頭布倒，A段褲頭布再往褲身裡摺入至超過（蓋過）前一步驟車縫線0.2cm，整燙，褲身裡面用珠針固定一圈。

＊四摺包邊作法請參考P42。

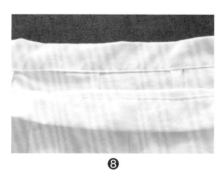

❽

褲身正面朝上，離褲頭布和褲身縫合處0.2cm，車縫壓線一圈在褲頭布上。

6.褲管車縫

❶

脇邊車縫後再車布邊，會增加褲管角收邊的厚度，可以剪去車布邊的布邊，長度0.5×10cm的小布片。

＊減少褲角厚度方法請參考P51。

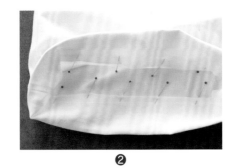

❷

褲管往內摺1cm，再摺5cm一褶，整燙，珠針固定。

❸

褲裡面朝上，離褶邊0.1cm車縫一圈。

7.褲頭鬆緊帶

❶

用穿繩工具穿入鬆緊帶一圈。

❷

確認鬆緊帶無翻滾，鬆緊帶頭尾重疊1.5cm，珠針固定，車縫N字型。

❸

將鬆緊帶置入穿入口，兩個穿入口以藏針縫針法縫合，完成。

＊防鬆緊帶翻轉固定請參考P53。

∞ 變化款

將短褲長度加長，再加上褲管的寬度，即可以變化出Item 16 九分寬褲。

哈倫褲

P.90 · 實物大型紙 BCD 面 · M、L size

學習重點

1.口袋製作。 2.褲頭車尖褶。 3.褲管車尖褶。 4.褲頭製作。

－適合布料材質－

牛仔布、棉麻布、亞麻布

■版型裁布圖

★紙型未標示裁布外加
縫份處皆需外加1公分，
對摺線處和無版型用布
則不外加。

■用布量

表布　　7尺

（110公分幅寬，無圖案方向性）

■無版型用布尺寸（已含1cm縫份）

前褲頭布　49.5×10 cm ↕　　一片（M）

52×10 cm ↕　　一片（L）

（建議需要縫製時再裁剪）

後褲頭布　50×10 cm ↕　　一片（M）

52.5×10 cm ↕　　一片（L）

（建議需要縫製時再裁剪）

■其他材料

鬆緊帶　　2.5cm寬×73cm　一條

★本作品可隨需求調整：褲長、鬆緊帶長度。

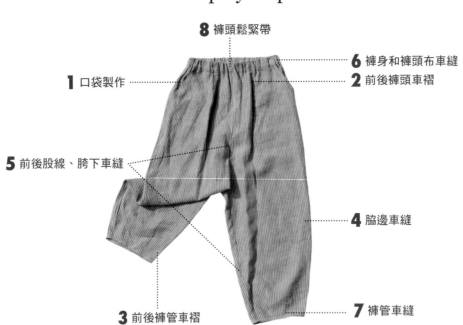

簡易 改版型

可以從褲頭的褶深度調整，記得褲頭布也要跟著增減。

8 褲頭鬆緊帶

6 褲身和褲頭布車縫

1 口袋製作

2 前後褲頭車褶

5 前後股線、胯下車縫

4 脇邊車縫

3 前後褲管車褶

7 褲管車縫

1 口袋製作

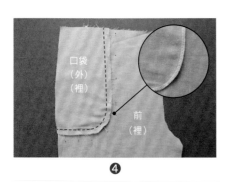

❶

兩片前褲正面朝上擺相對，袋口斜邊朝外。

＊縫製前，褲身擺法請參考 P39。

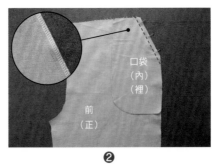

❷

口袋（內）和前褲正面對正面，珠針固定袋口斜邊，車縫斜邊，車布邊。

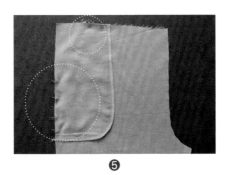

❸

口袋（內）翻至褲身內，整燙縫份，在正面，袋口斜邊車縫壓線0.5cm。

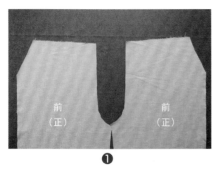

❹

在前褲裡面，口袋（外）正面朝下，和口袋（內）正面對正面，珠針固定L曲線，車縫L曲線，並且車布邊。

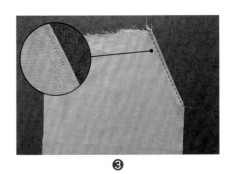

❺

口袋上緣和褲頭重疊處，還有和褲側邊重疊處，皆以珠針固定。

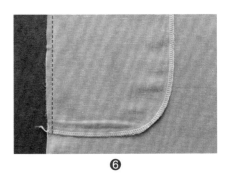

❻

兩處皆縫份0.7cm車縫固定，另一組口袋（內，外）和前褲也是相同方法。

2 前後褲頭車褶

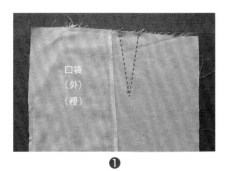

❶

在前褲背面，依紙型標示褲頭車尖褶位置。

＊畫尖褶方法請參考 P52。

❷

摺尖褶記號線重疊，珠針固定。

❸

依畫線車縫。

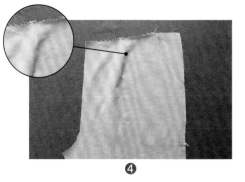

❹

前褲正面車尖褶樣，另一前褲也是相同方法。

❺

在後褲背面，也依紙型標示褲頭車尖褶位置，畫出尖褶位置，記得先將兩片後褲正面朝上擺成相對。

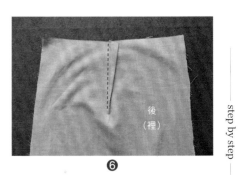

❻

依畫線車縫，另一後褲也是相同方法。

3 前後褲管車褶

❶

在前褲背面，依紙型標示褲管車尖褶位置，畫出尖褶。

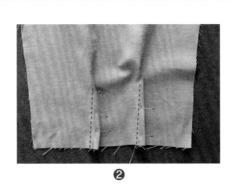

❷

摺車尖褶記號線重疊，珠針固定。

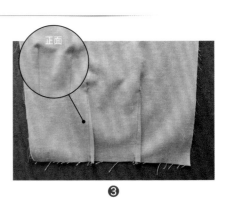

❸

依畫線車縫，另三片褲褲管也是相同方法。

4 脇邊車縫

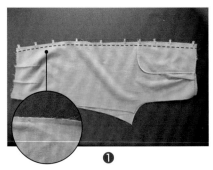

❶

後褲正面朝上，和前褲正面對正面，強力夾固定兩者脇邊，車縫脇邊。

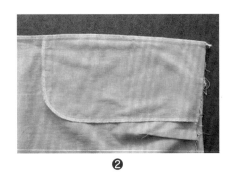

❷

車布邊。

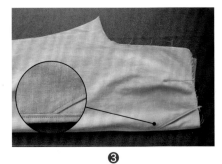

❸

正面朝上，褲身攤開，脇邊縫份倒向後片，整燙，在後片正面，離車縫線0.5cm壓線；另一組也是相同方法。

5 前後股線、胯下車縫

❶

兩組褲身攤開，正面對正面，前後股線分別強力夾固定，車縫前後股線。

❷

車布邊。

❸

在正面，前股線縫份倒向左邊，離縫合線0.5cm車縫壓線。相同方法在正面，後股線縫份倒向左邊，離縫合線0.5cm車縫壓線。

❹

至褲子背面，前後股線調整至中間，強力夾固定前後胯下，前後股線縫份錯開。

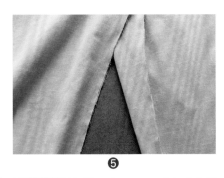

❺

車縫胯下。

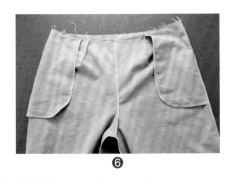

❻

車布邊。

6 褲身和褲頭布車縫

❶

依尺寸裁剪前後褲頭布各一片，兩片褲頭布正面對正面，兩端強力夾和珠針固定，在短邊，由上往下標示離布邊1cm，再離布邊5cm記號點。

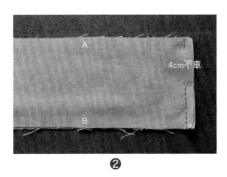

❷

縫份1cm車縫，先車1cm（A段）後，4cm不車，最後再車5cm（B段）；另一端也是相同方法。

❸

區分前後褲頭布，在褲身正面，褲頭布（B段長邊）和褲身正面對正面，褲頭布的兩端車縫線和褲脇邊車縫線對齊，褲頭的尖褶縫份往前後中心倒，兩者用強力夾固定一圈。

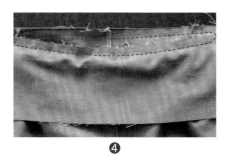

❹

車縫一圈。

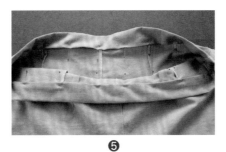

❺

褲頭布往上攤開，褲頭布A段長邊往內摺1cm，褲頭布和褲身車縫縫份朝褲頭布倒，A段褲頭布再往褲身裡摺入至超過（蓋過）前一步驟車縫線0.2cm，整燙，褲身裡面用珠針固定一圈。

＊四摺包邊方法請參考P42。

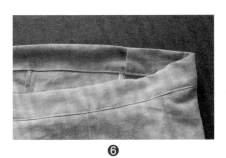

❻

在褲身正面，離褲頭布和褲身縫合處0.2cm，車縫壓線一圈在褲頭布上。

7 褲管車縫

❶

褲管往內摺0.7cm，再摺0.7cm一摺，尖褶縫份往兩側倒，整燙，強力夾固定。

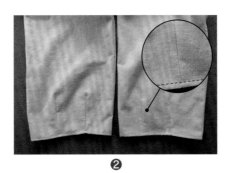

❷

裡面朝上，離褶邊0.1cm車縫一圈，另一褲管也是相同方法。

8 褲頭鬆緊帶

❶

用穿繩工具穿入鬆緊帶一圈，確認鬆緊帶無翻滾，鬆緊帶頭尾重疊1.5cm，珠針固定，車縫N字型。將鬆緊帶置入穿入口，兩個穿入口以藏針縫針法縫合，完成。

＊防鬆緊帶翻轉固定參考P53。

step by step

浪漫風吊帶裙

P.92 · 實物大型紙 CD 面 · free size

學習重點

1.內口袋製作。 2.胸襠製作。 3.裙頭製作 4.後綁帶製作。

5.裙身拉皺褶。 6.釦眼製作。

－適合布料材質－

棉麻布、亞麻布

■**版型裁布圖**

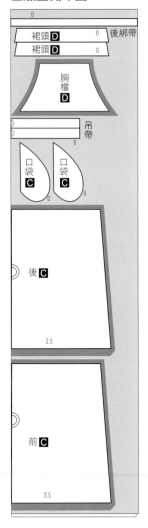

■**用布量**

表布	8尺

（110公分幅寬，無圖案方向性）

■**無版型用布尺寸**（已含縫份）

吊帶	75×5.5 cm ↕ 兩片
後綁帶	55×4.5 cm ↕ 兩片

■**其他材料**

釦子	直徑1cm	兩個

★本作品可隨需求調整：綁帶長度、吊帶長度與寬度、裙長。

★裁剪時注意裙襬外擴，裙擺縫份需內縮，裁剪方法請參考P37。

★紙型未標示裁布外加縫份處皆需外加1公分，對摺線處和無版型用布則不外加。

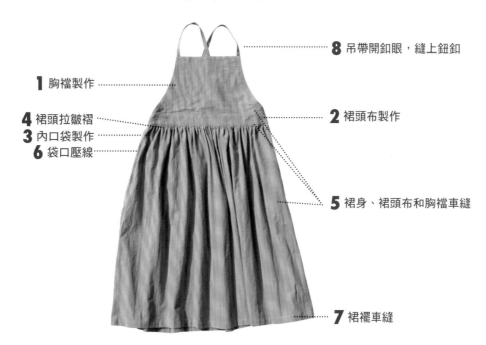

簡易 **改版型**

可以從裙頭布尺寸調整，裙頭尺寸需大於等於1/2臀圍。

1 胸檔製作 ········ **8 吊帶開釦眼，縫上鈕釦**

4 裙頭拉皺褶 ········
3 內口袋製作 ········
6 袋口壓線 ········

2 裙頭布製作

5 裙身、裙頭布和胸檔車縫

7 裙襬車縫

1 胸檔製作

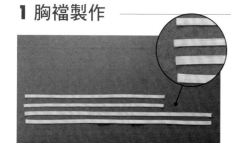

❶

製作兩條吊帶和兩條綁帶：一短邊往裡摺1cm，另一短邊不用（A端），兩長邊往中心摺再對摺，兩長邊和一短邊離邊0.1cm車縫壓線。
＊吊帶、胸檔作法請參考 P156。

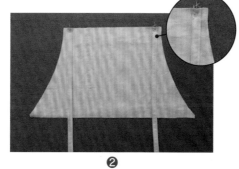

❷

取一片胸檔布，正面朝上，放上兩條吊帶，吊帶A端離檔布側邊1cm，珠針固定。

❸

離胸檔布邊0.7cm車縫固定吊帶，再蓋上另一塊檔布，兩片正面對正面。

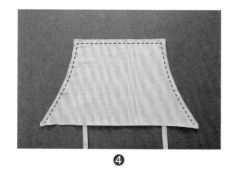

❹

車縫檔布三邊，但檔布的底部兩端點1cm和下緣不車。

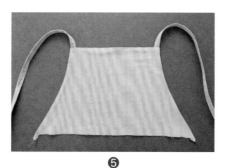

❺

剪去上緣的兩角，翻至正面，整燙，離邊0.2cm車縫壓線三邊，下緣兩邊剪齊。

2 裙頭布製作

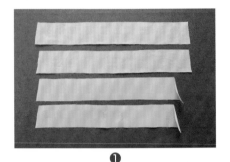

❶

依紙型裁剪四片裙頭布，任選兩片背面燙上洋裁襯（可視布料厚度，不燙襯也可以），當做外裙頭布，再任選一片外裙頭布依紙型標示開釦眼位置，開釦眼。

＊開釦眼方法請參考P26。

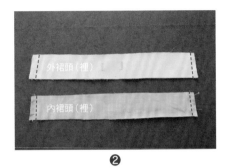

❷

兩片外裙頭布正面對正面珠針固定兩側邊，車縫側邊；兩片內裙頭布也是相同方法。

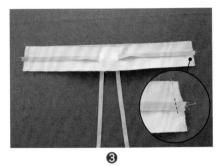

❸

用拆線刀劃開外裙布釦眼，將兩條綁帶的A端車縫固定在兩側邊的中間處，車縫線和側邊車縫線重疊，綁帶的另一端則穿入釦眼至正面。

＊劃開釦眼方法請參考P48。

3 內口袋製作

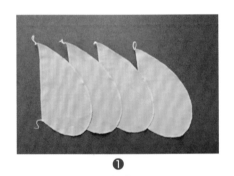

❶

四片口袋布皆車布邊。

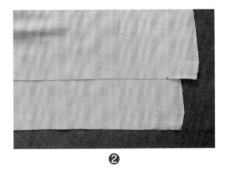

❷

本作品的裙身屬外擴型，裁剪時，脇邊縫份記得內縮。

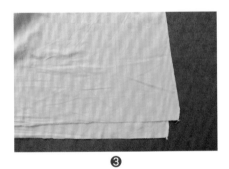

❸

兩片裙身兩脇邊各自車布邊。

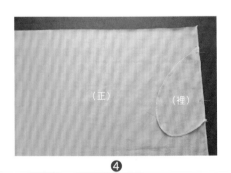

❹

依紙型標示口袋和裙身脇邊的合印記號點A、B。口袋和裙身正面對正面，兩者合印點對齊，珠針固定袋口位置。

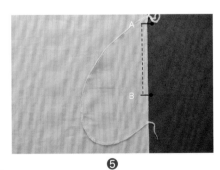

❺

車縫袋口A點至B點。

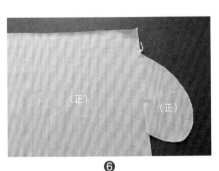

❻

裙身和口袋車縫後正面樣，相同方法完成另三個口袋。

④

兩片裙片（包含口袋布）正面對正面，縫份1cm從裙頭車縫至A點，為避免車縫到口袋布，可以使用強力夾將口袋尖端往外夾。

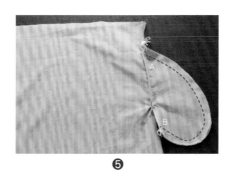

⑤

再縫份1cm從A點順時針車縫至B點車縫兩片口袋布，不要車縫到裙身。

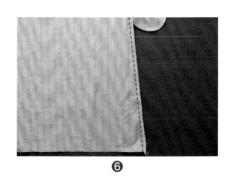

⑥

最後，從脇邊B點車縫至裙襬，不要車縫到口袋，以上車縫動作，可以分三段車縫，另一邊的裙身脇邊也是相同方法車縫。

4 裙頭拉皺褶

❶

前後裙身上緣標示中心記號點，記號點務必清楚，利於後續的拉皺褶結合工作。

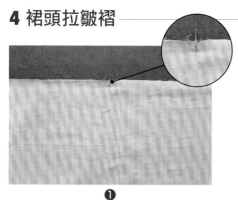

調整皺褶和外裙頭布組下緣的周長吻合並且平均皺褶。

❷

前後裙頭各自車拉皺褶車線，頭尾都留約3cm的車線，同時拉動正面的兩條上線，即可拉出皺褶。∞

＊拉皺褶方法請參考P39。

∞ 前後裙頭各自車拉皺褶車線（離側邊車縫線1.5cm）：針距調至最大，車縫兩道不重疊且頭尾不回針的線，第一道離布邊0.7cm，第二道離布邊0.9cm，頭尾都留約3cm的車線，同時拉動正面的兩條上線，即可拉出皺褶。

5 裙身、裙頭布和胸襠車縫

❶

裙身正面，目前裙身沒有分前後，裙頭拉皺褶和外裙頭下緣吻合，兩者正面對正面，中心點對齊，側邊車縫線對齊，強力夾固定一圈。

❷

車縫一圈，有綁帶的外裙頭布則當做後裙。

❸

胸襠下緣標示中心記號點，和前外裙頭布上緣中心點對齊，正面對正面，強力夾固定。

④

胸襠下緣尖端和裙頭布側邊車縫線對齊。

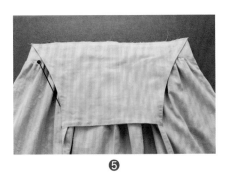
⑤

縫份0.7cm車縫。

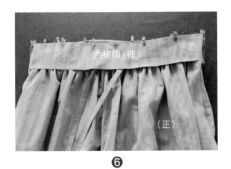
⑥

內裙頭(裡)　(正)

內裙頭布上緣和前一步驟完成的外裙頭布上緣正面對正面（胸襠夾在中間），兩端側邊車縫線對齊，兩者中心點對齊，強力夾固定一圈。

⑦

縫份1cm車縫一圈。

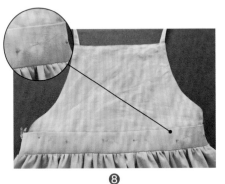
⑧

整理縫份，整燙，內裙頭布往裡順入，胸襠往外攤平，珠針如圖中固定胸襠部分的裙頭。

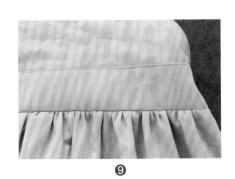
⑨

正面朝上，裙頭布上緣離邊0.2cm車縫壓線內外裙頭布一圈。

⑩

外裙頭布下緣和裙身車縫的縫份往裙頭布倒，內裙頭布下緣往內摺1cm，內裙頭布下緣再摺至超過（蓋過）裙身和外裙頭布結合車縫線0.2cm，整燙，再用珠針從裙身裡面固定一圈。

⑪

在裙身正面，離外裙頭布下緣縫合處0.2cm車縫壓線一圈。

6 袋口壓線

❶

在前裙身正面，前袋口離邊0.5cm
車縫壓線袋口。

7 裙襬車縫

❶

裙襬往內摺0.5cm，再摺2cm一
褶，珠針固定，整燙。

❷

裙襬脇邊兩邊剪去0.5×4cm小布
片，降低裙襬角縫份的厚度。

＊減少裙襬厚度方法請參考P51。

❸

背面朝上，離摺邊0.1cm車縫一
圈。

step by step

8 吊帶開釦眼，縫上鈕釦

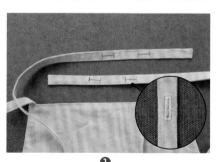

❶

建議可以先試穿，找出個人適合的
吊帶長度，來決定1～2個釦眼位
置。開釦眼，拆線刀劃開釦眼。

＊開釦眼方法請參考P26。
＊劃開釦眼方法請參考P48。

❷

在後面綁帶裙頭布背面，離中心左
右8cm距上緣2.5cm，縫上兩個鈕
釦，當然鈕釦的距離也可以隨個人
習慣調整。

❸

繫上後綁帶，完成。

優雅風刺繡裙

P.93‧ 實物大型紙 C 面 ‧M、L size

學習重點

1.刺繡製作。 2.裙頭縫製。 3.裙襬三層縫製。

－適合布料材質－

亞麻布

■版型裁布圖

■用布量

表布	5.5尺
別布	1尺

（110公分幅寬，無圖案方向性）

■無版型用布尺寸（已含1cm縫份）

裙頭布	54×10 cm ↕	兩片（M）
	55.5×10 cm ↕	兩片（L）
裙襬別布	90×5.5 cm ↕	兩片
裙襬布	85×14 cm ↕	兩片

■其他材料

廚房紙巾或刺繡專用紙襯

鬆緊帶　2.5cm寬×73 cm　一條

★本作品可隨需求調整：裙長度、鬆緊帶長度。

★紙型未標示裁布外加縫份處皆需外加1公分，對摺線處和無版型用布則不加。

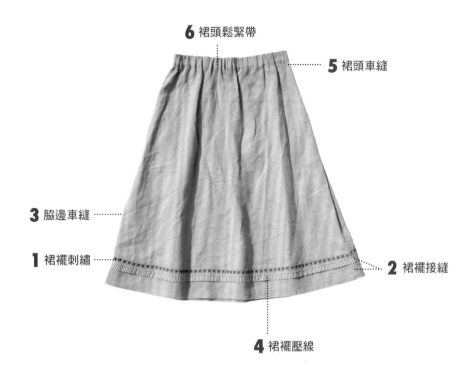

6 裙頭鬆緊帶

5 裙頭車縫

3 脇邊車縫

1 裙襬刺繡

2 裙襬接縫

4 裙襬壓線

簡易
改版型

從前後中心線平行外加或內減，做1公分以內的微幅調整，記得裙頭布也要跟著增減。

1 裙襬刺繡

❶

依紙型外加指定縫份裁剪裙身兩片。

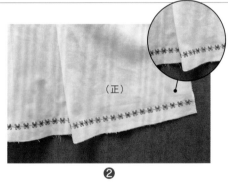

❷

選擇刺繡圖案，離裙襬2.5cm裁縫車刺繡圖案，背後請加上紙襯。（可先用不要的布試車圖案。）

（正）

❸

將紙襯（或紙巾）剪成長條（比刺繡圖案寬3～4倍，易掌控、易撕），襯在布背面，隨時留意紙襯長度不夠時，重疊紙襯，再繼續刺繡。

❹

從圖案的兩側往圖案方向撕掉襯。

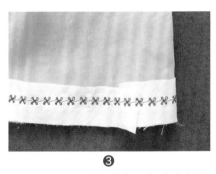

❺

殘餘的紙襯透過每次的洗滌就會脫落；相同方法完成另一件裙片刺繡。

∞ 使用薄布料刺繡，需在布料背面加上紙襯，這樣布料才不會在刺繡過程中產生起皺咬布現象，但如果沒有紙襯，也可以使用廚房紙巾替代，當然效果還是紙襯最佳。
參考p25。

2 裙襬接縫

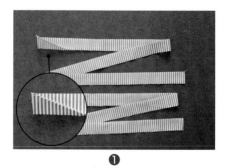

❶

依尺寸裁剪兩片裙襬別布,分別短邊對摺,整燙。

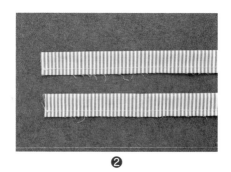

❷

長邊0.7cm車縫固定。

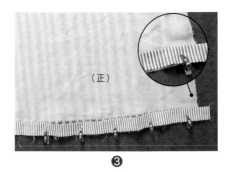

❸

別布和裙襬正面對正面,強力夾固定,因為裙脇邊有斜度,所以起始端別布多出2cm,以利後續修剪脇邊工作。

❹

縫份0.7cm兩者一起車縫。

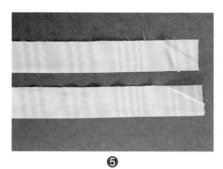

❺

依尺寸裁剪兩片裙襬布,分別短邊對摺,整燙。

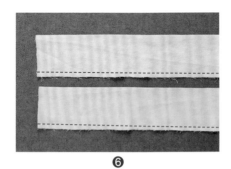

❻

長邊0.7cm車縫固定。

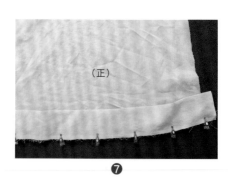

❼

裙襬布和裙襬正面對正面,起始端和別布對齊,強力夾固定。

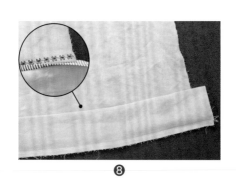

❽

縫份1cm三者一起車縫。

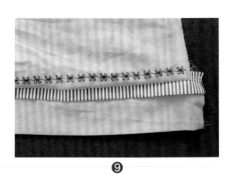

❾

縫份往裙(上)倒,整燙。

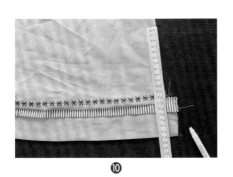

⑩

直尺依著裙片脇邊斜度畫出修剪記
號線。

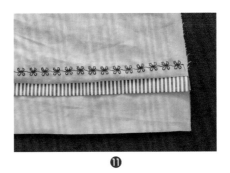

⑪

依畫線修剪接合裙襬的脇邊。

⑫

裙襬接合處車布邊，相同方法完成
另一片裙身和別布接縫工作。

3 脇邊車縫

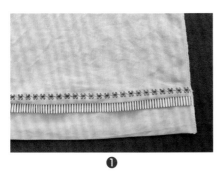

❶

兩片裙身脇邊各自車布邊，留意裙
襬接合處，縫份倒向上。

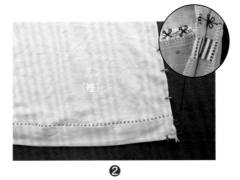

❷

兩片裙身正面對正面，強力夾固定
兩者脇邊，裙襬接合處使用珠針固
定，較容易對齊接合點。

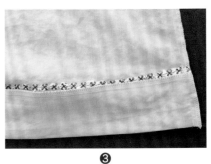

❸

車縫脇邊。

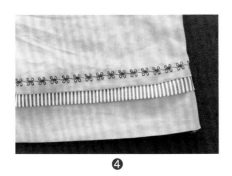

❹

正面樣。

4 裙襬壓線

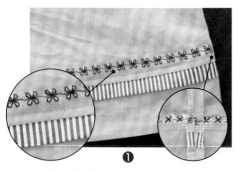

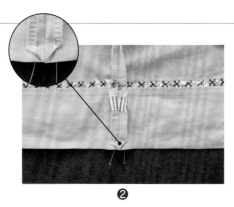

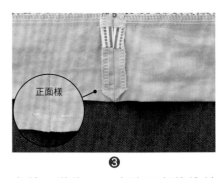

❶
在刺繡圖案下方，離別布0.5cm，在裙身正面，車縫壓線一圈，脇邊縫份記得撥開。

❷
在背面，裙角縫份左右皆往內摺成斜角，珠針固定。

❸
車縫一道約3cm車線固定縫份斜角。

5 裙頭車縫

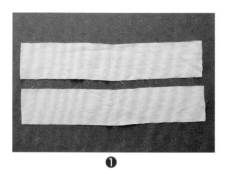

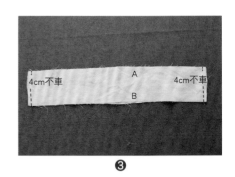

❶
依尺寸裁剪兩片裙頭布。

❷
裙頭布正面對正面，兩端強力夾和珠針固定，在短邊，由上往下標示離布邊1cm，再離布邊5cm記號點。

❸
縫份1cm車縫，先車1cm（A段）後，4cm不車，最後再車5cm（B段）；另一端也是相同方法。

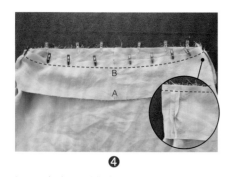

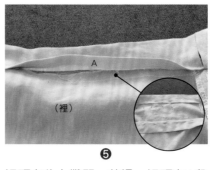

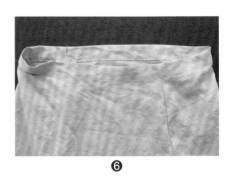

❹
裙頭布無分前後片，裙身正面朝上，裙頭布（B段長邊）和裙身正面對正面，裙頭布的兩端車縫線和裙脇邊車縫線對齊，強力夾固定一圈，車縫一圈。

❺
裙頭布往上攤開，整燙，裙頭布A段長邊往內摺1cm，裙頭布和裙身車縫縫份朝裙頭布倒，A段裙頭布再往裙身裡摺入至超過（蓋過）前一步驟車縫線0.2cm，整燙後，裙身裡面用珠針固定一圈。

＊四摺包邊方法請參考P42。

❻
在裙身正面，離裙頭布和裙身縫合線0.2cm，車縫壓線一圈在裙頭布上。

6 裙頭鬆緊帶

❶

用穿繩工具穿入裙頭鬆緊帶一圈。

❷

確認鬆緊帶兩端無翻滾，鬆緊帶頭
尾重疊1.5cm，珠針固定，車縫N字
型。

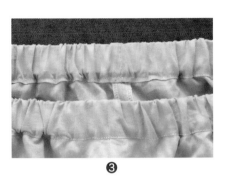

❸

將鬆緊帶置入穿入口，兩個穿入口
以藏針縫針法縫合。

❹

拉裙頭數次，讓鬆緊帶與裙頭布均
分結合，在裙頭布的側邊縫合線珠
針固定，車縫一道1.5cm的車線，
可防止鬆緊帶翻轉，另一側邊也是
相同方法，完成。

＊如果還是覺得鬆緊帶會翻轉，可在前後中心
相同方法車縫一道。

＊防鬆緊帶翻轉固定請參考P53。

後拉鍊Ａ字裙

P.94 · 實物大型紙 AB 面 · M、L size

學習重點

1.拉鍊製作。 2.裙頭貼邊布製作。 3.裙後鬆緊帶製作。 4.釦眼製作。

－適合布料材質－

厚質單寧布

■版型裁布圖

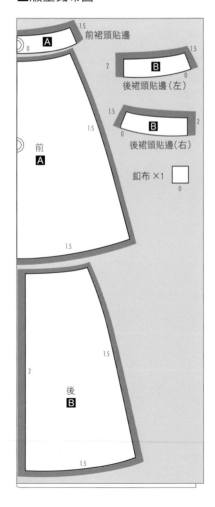

■用布量

表布	5尺

（110公分幅寬，無圖案方向性）

■無版型用布尺寸（已含縫份）

釦布	11×9 cm	一片

■其他材料

鬆緊帶	2.5cm寬×14cm	兩條
尼龍拉鍊	20cm	一條
鈕釦	直徑2cm	一個

★本作品可隨需求調整：裙子長度、鬆緊帶長度。

★紙型未標示裁布外加縫份處皆需外加1公分，對摺線處和無版型用布則不外加。

簡易改版型

從前片和後片的中心線平行外加或內減做0.7公分以內的微幅調整，裙頭貼邊布也要隨著增減。

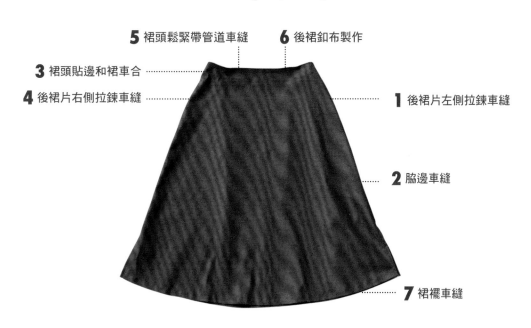

5 裙頭鬆緊帶管道車縫　　**6** 後裙釦布製作

3 裙頭貼邊和裙車合

4 後裙片右側拉鍊車縫

1 後裙片左側拉鍊車縫

2 脇邊車縫

7 裙襬車縫

1 後裙片左側拉鍊車縫

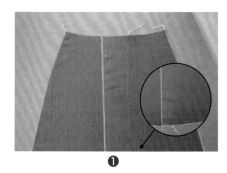

❶

兩片後裙各自車布邊三邊，裙頭不車。

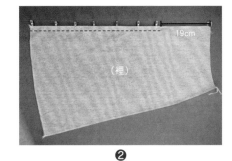

❷

兩片後裙正面對正面，依紙型標示（外加縫份）拉鍊止點，拉鍊止點以下用強力夾固定兩片後裙，縫份2cm，車縫裙後中間（拉鍊止點以上不車）。

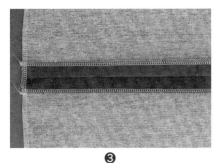

❸

縫份左右撥開，整燙。

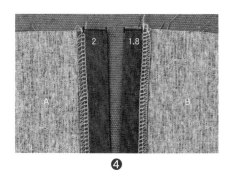

❹

裙後背面朝上，左邊（A邊）拉鍊口布往裡摺2cm，右邊（B邊）拉鍊口布往裡摺1.8cm，整燙。

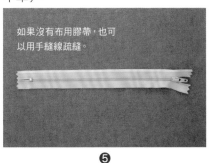

❺

拉鍊正面朝上，拉鍊左側沿邊貼布用雙面膠帶。

如果沒有布用膠帶，也可以用手縫線疏縫。

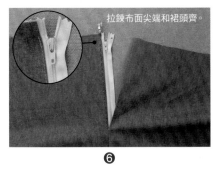

❻

裙後B邊摺邊離拉鍊齒0.5cm和拉鍊左側貼合，在正面，離裙頭0.7cm不車，離摺邊0.2cm壓線到拉鍊口止點。

拉鍊布面尖端和裙頭齊。

211

2 脇邊車縫

❶

前裙三邊車布邊，裙頭不車。

❷

前裙和後裙正面對正面，強力夾固定兩者的脇邊，縫份1.5cm車縫。

❸

完成兩邊脇邊車縫。

3 裙頭貼邊和裙車合

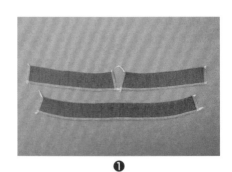

❶

前後裙頭貼邊布三邊車布邊，上緣不車。

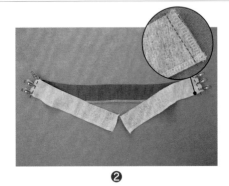

❷

前裙頭貼邊的兩側脇邊分別和後裙頭左右貼邊的脇邊正面對正面，強力夾固定，縫份1.5cm車縫兩脇邊。

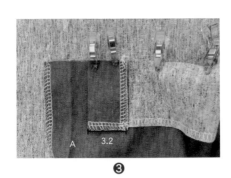

❸

裙後A邊的貼邊布後中間往內摺3.2cm。

❹

裙後B邊的貼邊布後中間往內摺2cm。

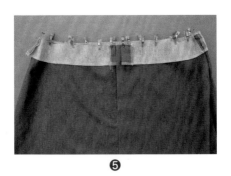

❺

裙頭貼邊布組上緣朝上和裙身正面對正面，使用強力夾固定兩者一圈。

❻

車縫裙頭一圈（拉開A邊的拉鍊口1.8cm的縫份，以免車縫到，圖中沒有拍到，可以往上參考圖❸）。

4 後裙片右側拉鍊車縫

❶

右側拉鍊正面貼布用雙面膠帶。

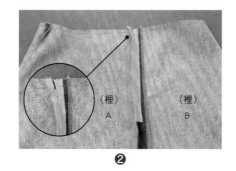

❷

右側拉鍊和裙後拉鍊口A邊兩者的布邊貼齊，背面樣。

❸

拉鍊頭布片和裙頭一起往內摺入1cm。

❹

A邊的拉鍊側1.8cm的縫份往裙內摺，強力夾固定（也可以用縫線疏縫更好）。

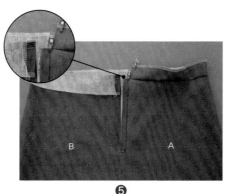

❺

後裙正面朝上，離A邊摺邊1.2cm畫一L直線。

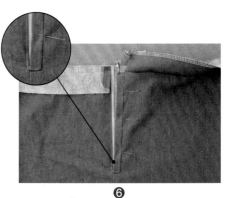

❻

可以再用珠針固定拉鍊和裙。

❼

依畫線車縫，拉鍊口底部車線來回針加強。

5 裙頭鬆緊帶管道車縫

❶

裙頭布往裙裡順，拉鍊B側拉鍊頭0.7cm不車的部分先往內斜摺。

❷

整燙裙頭，強力夾固定一圈。

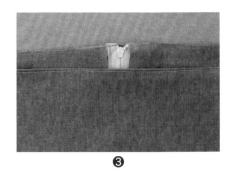

❸

離邊0.2cm車縫壓線一圈。

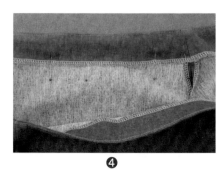

❹

在裙內，裙頭貼邊布下緣用珠針和裙固定，脇邊車縫線對齊，珠針固定。

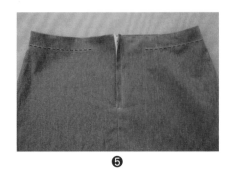

❺

後裙正面朝上，依紙型標示出左右邊鬆緊帶管道止點位置，然後離裙頭邊3cm 車縫管道（從兩脇邊至左右止點）。

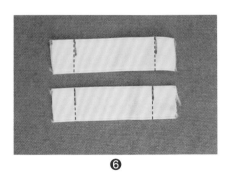

❻

兩條鬆緊帶的兩端皆往內2cm畫出記號線。

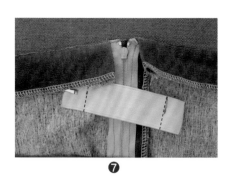

❼

利用穿繩工具，將鬆緊帶穿入管道內。

❽

入口端用強力夾夾住鬆緊帶2cm的記號線點，另一邊的穿繩工具先不要卸掉。

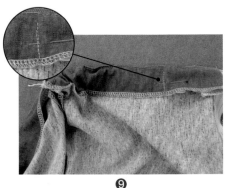

❾

珠針固定裙和鬆緊帶的2cm的記號線，車縫一道3cm直線。

❿

穿繩工具再從脇邊穿出。

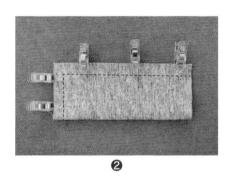

⓫

相同的做法，脇邊車縫線和鬆緊帶的2cm記號線對齊，珠針固定，車縫一道3cm直線。

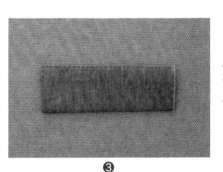

⓬

另一邊的鬆緊帶也是相同方法。

6 後裙釦布製作

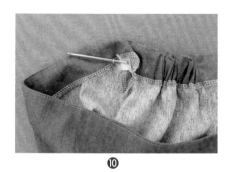

❶

釦布一片。

❷

短邊對摺，強力夾固定。縫份1cm車縫L型，一短邊不車。

❸

剪去角，翻至正面，離邊0.2cm車縫壓線，一短邊不車。

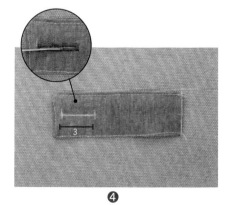

❹

在正面，離邊4cm，標示出3cm的開釦眼記號，車釦眼，用拆線刀劃開釦眼。

＊車釦眼方法請參考P26。

＊開車釦眼方法請參考P48。

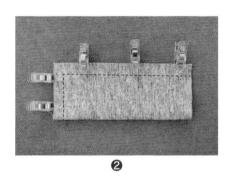

❺

釦布末端往內摺1cm。

❻

離後裙A邊拉鍊側3cm畫釦布記號線。

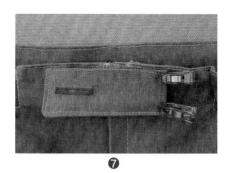

❼

釦布正面朝上，依著記號線放上，珠針固定。

❽

順裙內的貼邊布，車縫2cm寬的長方形固定釦布。

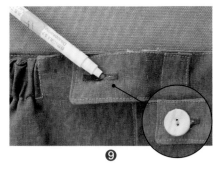

❾

依釦眼洞標出釦子位置，縫上釦子。

7.裙襬車縫

❶

裙襬往內摺1.5cm，整燙，強力夾固定。

＊用布若偏厚，剪去裙角縫份的方法請參考P51。

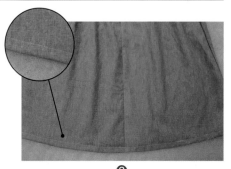

❷

裙內朝上，離布邊1cm車縫一圈，完成。

∞ 變化款

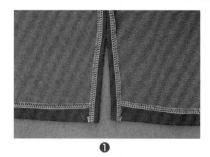

❶

在第2步驟脇邊車縫時，兩脇邊也可以離裙襬約15cm不車，不車的部分記得往裡摺1cm，再離摺邊0.7cm壓線。

❷

這樣裙襬開叉也是一種浪漫隨性風格。

PLUS
01

南瓜針插

實物大型紙 D面

■材料

棉花	適量
鈕釦	2個
皮革線	

學習重點

1.用手縫線拉出南瓜造型。
2.棉花填充。

1 縫製基本圓形

❶

依紙型裁剪用布一片。

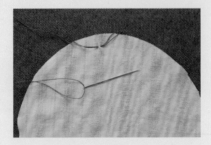

❷

南瓜造型需要使用耐拉的手縫線，所以建議使用皮革線，離布邊0.7cm，針距0.7cm，上下平針縮縫一圈。∞1

❸

微拉緊，縫線暫勿打結。

❹

填入棉花。

❺

填飽棉花後，布邊塞進內部，縫線打結，剪線。∞2

∞ 1.線結需大，起針第一針以較小針方式，再將針穿入第一針的線圈拉緊，這樣可以使後續的縮縫工作起點的線結不容易鬆脫。
2.南瓜軟硬視填入的棉花多寡，但棉花多對不善手縫者會有難度，所以可以自行決定。

2 以縫線完成南瓜造型

❶

在圓面，先以短珠針標示中心點和四個等分點，確認等分均分後再移開珠針以記號筆標示。

❷

備縫線足夠拉四瓣南瓜的長度（雙股打結後約60cm），線結需大，從正面中心以小針方式，針入線圈拉緊。

❸

手縫針從正面起針後，縫線經過一個記號點繞至底部入針至中心點出針（可以離中心點一點點距離），拉緊縫線才能拉出南瓜瓣造型。

❹

相同方法繞南瓜瓣。

❺

完成四瓣南瓜，如果覺得四瓣沒有一樣大，此時可以再挑動手縫線微調瓣的大小，確定後，縫線在中心點打結。

❻

再剪一條足夠長度的縫線，在每一個等份間繼續拉出兩瓣南瓜，完成八瓣的南瓜。

3 加上鈕釦裝飾

❶

準備兩個鈕釦。

❷

從底部入針，正面中心點出針，放入裝飾鈕釦。

❸

針再入另一個鈕釦洞，至底部出針，同時也放入底部的修飾鈕釦，上下來回兩至三次，線打結，完成南瓜。

PLUS 02

小房子

實物大型紙 D面

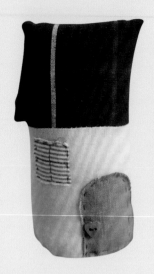

■材料

棉花	適量
塑膠粒	適量
小鈕釦	1個

學習重點

1. 塑膠粒增加物品重量，重心更穩固。
2. 藏針縫針法。

1 縫製小屋造型

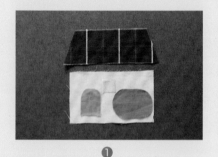

❶

紙型（除屋底）皆已含縫份，依紙型各裁剪一片；屋底布請以紙型外加1.3cm裁剪。

❷

屋頂和屋身正面對正面，兩者中心點對齊，珠針和強力夾固定。

❸

縫份0.7cm車縫。

❹

縫份倒向屋身，屋體對摺，珠針固定。

❺

縫份0.7cm，從屋頂車縫至屋身，底部不車。

❻

翻至正面，整理縫份，填入適當棉花至屋身2/3。

④

再填入適當塑膠粒，份量要感覺
有重量。

⑤

屋底以平針針法縫一圈再拉緊。

⑥

布邊收進裡面，手縫線打結。

2 加上屋底、窗門裝飾

①

屋底布離布邊0.5cm平針縮縫一
圈，放進屋底紙板。

②

拉緊縫線，切勿打結。

③

熨斗整燙成型後，取出紙板，縫
線再打結。

④

屋身和屋底兩者的等份點對齊，
珠針固定，藏針縫針法縫合。

⑤

珠針固定門和窗布片。

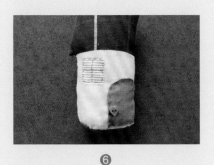

⑥

可以平針縫或回針縫針法縫上門
和窗，窗戶縫上分格線再縫一個
鈕釦當門把，完成。

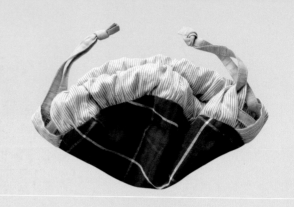

PLUS 03
快速打包片
實物大型紙 D面

■無版型用布尺寸

束口布	55×13 cm ↕	兩片
束帶布	95×4 cm ↕	兩片

學習重點
1.拉皺褶。
2.束帶製作。

1 束口布製作

❶
依尺寸裁剪束口布兩片。

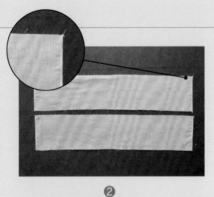

❷
束口布的兩端車布邊。

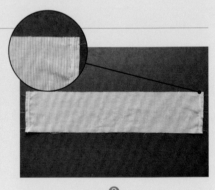

❸
兩端往內摺1cm，珠針固定。

❹
縫份0.7cm車縫。

❺
束口布短邊背對背對摺（正面朝外），長邊珠針固定，縫份0.7cm車縫。

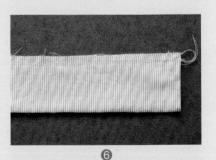

❻
束口布長邊車縫兩道拉皺褶車線：裁縫車針距最大針，車縫兩道（第一道縫份0.7cm，第二道縫份0.9cm）不重疊且不回針的車線。

＊拉皺褶方法請參考P39。

2 袋身與束口布結合

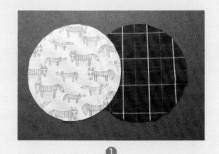

❶

袋身紙型已含縫份，依紙型裁剪袋身表裡各一片。

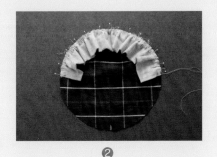

❷

隨意取一片袋身，正面標示中心二等分記號點，束口布和袋身正面對正面，束口布拉皺褶和袋身半圓周長吻合，再調整皺褶密度，珠針固定兩者，縫份0.7cm車縫。

❸

正面樣。

❹

另一片束口布也是相同方法。

❺

另一片袋身正面朝下，兩片袋身正面對正面，束口布包夾在中間，珠針固定，縫份1cm車縫，留大約10cm返口不車。

❻

翻至正面整理，以藏針縫針法縫合返口。

3 束帶製作

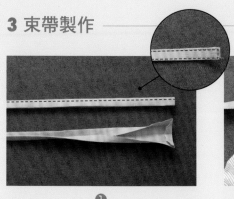

❶

裁剪兩片束帶布，布兩端皆往內摺1cm，短邊做四等分摺燙，兩長邊離邊0.1cm車縫壓線。

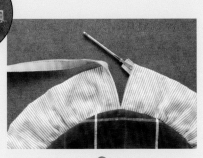

❷

使用穿繩工具，夾住束帶，從束口布的穿入口穿入，繞袋身一圈從另一束口布穿出，另一條束帶則從對面的穿入口繞一圈。

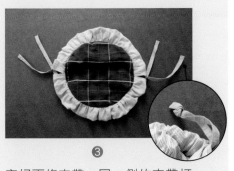

❸

穿好兩條束帶，同一側的束帶打結，完成。

寬版髮帶

■材料

A布	45×25 cm ↕ 兩片
B布	45×7 cm ↕ 一片
鬆緊帶	2cm寬×25cm 一條

（可視需求調整）

學習重點

1.髮帶鬆緊帶製作。

1 製作A布片

❶

利用碎布拼接出A布（45×25 cm）兩片，縫份撥開。

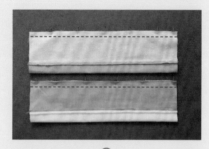

❷

短邊對摺，珠針固定。縫份0.7cm車縫長邊。

❸

縫份撥開，翻至正面，整理，另一片也是相同方法。

❹

兩片A布相互交叉。

❺

端點珠針固定，縫份0.7cm車縫。

2 製作鬆緊帶B布

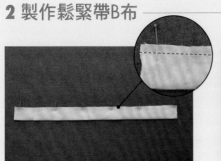

① 短邊對摺，長邊珠針固定，縫份0.7cm車縫。

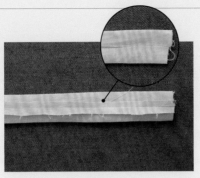

② 縫份撥開，翻至正面，整理。

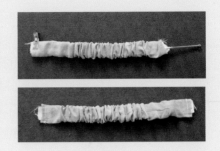

③ 用穿繩工具穿入鬆緊帶，一端以強力夾固定，兩端鬆緊帶外露出0.7cm，縫份0.5cm車縫固定兩端。

3 組合A布與B布

① B鬆緊帶布放在A布末端的中間，鬆緊帶布可以外露0.7cm，強力夾固定。

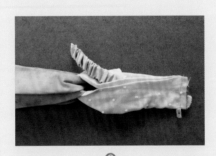

② A布包住B鬆緊帶布。

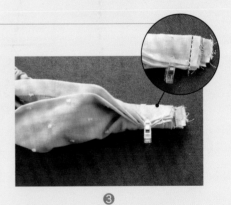

③ A布再往下摺，縫份1cm車縫。

④ A布往外翻至正面，拉出B鬆緊帶布。

⑤ 相同方法製作另一端A布包B鬆緊帶布，留意B鬆緊帶布勿翻轉。

⑥ 縫份1cm車縫，翻至正面，完成。

喜歡自在的獨處時光，

讓縫紉機成為手作初心原點，

使靈感得以飛翔，創意得以對話。

緩緩依循每一次靈感與針線交織的足跡，

引領內心映照的創作本質，

是手作人值得一生擁有的縫紉風景，純粹而簡單。

當個快樂的縫紉手作人，

一針一線、一分一秒，

看著漂亮顏色的車線，

如跳舞般在縫紉機上不停轉動，

內心也隨著愉悅節奏去進行。

這台縫紉機，是我創作的好搭檔。

我依賴著它，信任它。

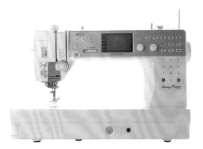

NCC 縫紉世界第一品牌
New Creative Collection for LIFE

好想自己做衣服2

超圖解技巧1500張！
完美縫製細節，輕鬆穿搭舒適有個性的日常時尚
【超值附錄｜20件M、L、FREE全尺寸紙型】

作者	吳玉真
美術設計	瑞比特
攝影	王正毅
社長	張淑貞
總編輯	許貝羚
行銷	陳佳安
發行人	何飛鵬
事業群總經理	李淑霞
出版	城邦文化事業股份有限公司 麥浩斯出版
地址	104台北市民生東路二段141號8樓
電話	02-2500-7578
傳真	02-2500-1915
購書專線	0800-020-299
發行	英屬蓋曼群島商家庭傳媒股份有限公司城邦分公司
地址	104台北市民生東路二段141號2樓
電話	02-2500-0888
讀者服務電話	0800-020-299（9:30AM~12:00PM；01:30PM~05:00PM）
讀者服務傳真	02-2517-0999
讀者服務信箱	csc@cite.com.tw
劃撥帳號	19833516
戶名	英屬蓋曼群島商家庭傳媒股份有限公司城邦分公司
香港發行	城邦〔香港〕出版集團有限公司
地址	香港灣仔駱克道193號東超商業中心1樓
電話	852-2508-6231
傳真	852-2578-9337
Email	hkcite@biznetvigator.com
馬新發行	城邦〔馬新〕出版集團Cite(M) Sdn Bhd
地址	41, Jalan Radin Anum, Bandar Baru Sri Petaling,57000 Kuala Lumpur, Malaysia.
電話	603-9057-8822
傳真	603-9057-6622
製版印刷	凱林印刷事業股份有限公司
總經銷	聯合發行股份有限公司
地址	新北市新店區寶橋路235巷6弄6號2樓
電話	02-2917-8022
傳真	02-2915-6275
版次	初版 1 刷 2020年3月　初版 4 刷 2022年 8 月
定價	新台幣680元 / 港幣227元

Printed in Taiwan著作權所有 翻印必究（缺頁或破損請寄回更換）

特別感謝　I'M COFFEE　 臺灣喜佳股份有限公司

國家圖書館出版品預行編目(CIP)資料

好想自己做衣服2：超圖解技巧1500張！
完美縫製細節，輕鬆穿搭舒適有個性的日常時尚
【超值附錄｜20件M、L、FREE全尺寸紙型】
/ 吳玉真著. -- 初版. -- 臺北市：麥浩斯出版：
家庭傳媒城邦分公司發行, 2020.03
　面；　公分
ISBN 978-986-408-586-6(平裝)

1.服裝設計 2.縫紉 3.衣飾

423.2　　　　109002587

GALLERY